国产化信息技术基础及创新应用丛书

统信UOS 操作系统

基础与应用教程

统信软件技术有限公司 ◎ 著

人民邮电出版社

北　京

图书在版编目（CIP）数据

统信UOS操作系统基础与应用教程 / 统信软件技术有
限公司著. -- 北京 ：人民邮电出版社，2021.8（2024.7重印）
ISBN 978-7-115-56107-7

Ⅰ. ①统… Ⅱ. ①统… Ⅲ. ①操作系统—教材 Ⅳ.
①TP316

中国版本图书馆CIP数据核字(2021)第071163号

内 容 提 要

本书全面系统地介绍了统信 UOS 操作系统的应用方法，以及基本的管理和维护方法。全书共 10 章，主要内容包括计算机操作系统概述、操作系统安装与 DDE 桌面环境、文件管理、DDE 桌面环境与功能设置、网络基础知识与网络设置、网络应用与网络共享设置、应用商店与系统维护工具、多媒体软件与辅助系统工具、安装 Windows 应用软件、命令行模式与 shell 的应用。

本书以 UOS 操作系统的安装、应用为主线，将操作系统的理论知识和 shell 的使用很好地结合起来，帮助读者在操作过程中深入领会操作系统的相关知识，提高操作系统应用与问题解决能力，从而取得更好的学习效果。

本书既注重理论知识的系统性和适用性，又强调良好工作习惯与实践能力的培养，适合作为各类院校关于操作系统相应课程的教材，也适合作为企事业单位相关培训的学习参考书。

◆ 著　　　　统信软件技术有限公司
　　责任编辑　罗　芬
　　责任印制　王　郁　彭志环
◆ 人民邮电出版社出版发行　　北京市丰台区成寿寺路 11 号
　　邮编　100164　　电子邮件　315@ptpress.com.cn
　　网址　https://www.ptpress.com.cn
　　北京虎彩文化传播有限公司印刷
◆ 开本：787×1092　1/16
　　印张：10.25　　　　　　　　2021 年 8 月第 1 版
　　字数：201 千字　　　　　　 2024 年 7 月北京第 4 次印刷
　　　　　　　　定价：59.90 元
读者服务热线：(010)81055410　印装质量热线：(010)81055316
反盗版热线：(010)81055315
广告经营许可证：京东市监广登字 20170147 号

编委会名单

主　　编： 刘闻欢

副 主 编： 张　磊　秦　冰

参编人员：

序 言

自 1946 年世界第一台电子计算机诞生至今，信息技术已经深入社会的每个角落，上到国家的关键信息基础设施，下至百姓生活的方方面面，人们的生产生活方式日新月异。与此同时，信息技术的高速发展也带来了不可忽视的信息安全问题，信息安全已经上升到国家战略层面。透过信息安全问题的表象，我们更应该看到的是新形势下国家发展权的竞争，换言之，不把核心技术掌握在自己手中，就很难在今后的发展中掌握主动权。操作系统作为信息技术的基础和灵魂，是整个信息化体系建设的关键技术之一，因此我国必须要有自己的操作系统产品和应用生态。

发展中国的操作系统，有多种路线可走，通过多年来国家的引导，以及技术和产业的发展可以看出，开源的生态比封闭的生态具备更强的发展潜力，走开源的发展路线是行之有效的方案。统信 UOS 操作系统是在开源 Linux 基础上由统信软件技术有限公司研发的具有独立发展能力的操作系统产品。统信软件技术有限公司以"打造操作系统创新生态"为发展宗旨，目前已经初步具备了较为完善的软硬件生态，并且在政企单位、关键行业及个人用户市场得到了广泛应用。

操作系统生态建设不仅包括上下游产业链的产品生态建设，还包括操作系统产业的人才培养，无论是开发者、维护者还是用户，都是操作系统生态发展的不竭动力。

本书通过全面介绍操作系统的发展、安装使用及维护的相关内容，为用户使用和维护统信 UOS 操作系统提供了便利，欢迎广大读者更多地应用统信 UOS 操作系统，并多提宝贵意见和建议，希望通过企业和用户的良性互动，共同为发展中国自己的操作系统添砖加瓦。

刘闻欢

统信软件技术有限公司　总经理

2021 年 4 月

前　言

随着信息技术的发展，计算机在我们的工作、学习和日常生活中发挥着越来越重要的作用。信息化时代的大环境要求我们具备基本的信息素养和信息技术应用能力，了解和掌握计算机系统运行的基本原理，学会维护和管理计算机软硬件的基本方法，确保系统正常运行。操作系统作为计算机软件系统的重要组成部分，是计算机硬件系统的管理和维护工具，也负责给用户提供一个友好的人机交互环境，以便用户能够便捷、高效地执行程序。因此，熟练掌握和应用操作系统，是学生和在工作中经常使用计算机的用户需要学习的重要内容。

统信 UOS 操作系统包括桌面版和服务器版。本书以统信 UOS 操作系统 V20 桌面版为例，从计算机操作系统的基本概念和相关原理出发，将基础理论与操作实践相结合，详细讲解统信 UOS 操作系统的应用与维护方法。本书主要内容如下。

第 1 章，讲解计算机操作系统的基本原理和基础知识。主要内容包括计算机系统的基本概念、计算机操作系统的发展和基本功能等理论知识，以及统信 UOS 操作系统的简要介绍。

第 2 章至第 9 章，详细讲解统信 UOS 操作系统的应用方法。从操作系统的安装开始，重点讲解文件管理、DDE 桌面环境与功能设置、网络基础知识与网络设置、网络应用与网络共享设置、应用商店与系统维护工具，以及多媒体软件与辅助系统工具的应用。此外，还讲解了在 UOS 操作系统中应用 Wine 安装和运行集成于 Windows 操作系统的应用软件（以下简称"Windows 应用软件"）的基本方法。

考虑到统信 UOS 操作系统的特点，第 10 章还详细讲解了 UOS 操作系统的命令行模式与 shell 的相关知识。

本书不仅讲解了统信 UOS 操作系统的安装与应用，还介绍了操作系统的理论知识和 shell 的应用，以帮助读者在操作实践中深度体验操作系统的核心功能，并且融会贯通，将所学知识内化为能力，真正实现有效学习。

由于时间仓促，编者水平有限，书中不足之处在所难免，希望读者能够多多谅解并提出宝贵意见，我们的联系邮箱为 luofen@ptpress.com.cn。

编者
2021 年 4 月

目 录

第 9 章 安装 Windows 应用软件 124

第 10 章 命令行模式与 shell 的应用 134

第**1**章

计算机操作系统概述

本章导读

　　信息技术的飞速发展推动着我们快速进入数字化和信息化时代，我们在学习、办公、生活、娱乐等方面都享受着信息技术带给我们的方便和快捷。信息化社会要求我们具备一定的计算机基础知识和操作能力。计算机的发展包括计算机硬件技术和计算机软件的发展，其中计算机软件的基础和核心是操作系统。本章先从计算机系统的组成出发，简要介绍计算机的发展和历史。然后，介绍计算机操作系统的基本概念和发展过程，以及操作系统的分类和基本功能等内容。熟悉和掌握本章的基础知识，可以为更好地学习和应用计算机操作系统打下坚实的基础。

教学目标

- 了解计算机系统的基本知识
- 熟悉计算机硬件和计算机操作系统的发展历史
- 了解统信 UOS 操作系统

1.1 计算机系统的基本概念

公认的世界第一台电子计算机"ENIAC"于 1946 年在美国的宾夕法尼亚大学问世。经过 70 多年的不断发展，电子计算机已经从最初的电子管计算机，逐步发展成目前的超大规模集成电路计算机。自第一台电子计算机诞生以来，计算机的发展十分迅速，已经渗透到了人类社会的各个领域，对人类社会的发展产生了极其深刻的影响。

计算机的
发展历史

我们日常所说的"计算机"，是计算机系统这一概念的简称。计算机系统通常是指由硬件系统和软件系统共同组成的，能够实现基本运算目的和结果输出的自动化计算系统。计算机的硬件系统是组成计算机系统的所有物理设备的总称。例如，我们通常看见的计算机的显示输出设备，磁盘、光盘等数据存储设备，鼠标、键盘等输入设备，以及计算机内部的各种芯片、电路板等都是硬件系统的重要组成部分。计算机的软件系统是指为管理和维护计算机硬件设备，以及为实现一定的数据处理和运算功能而编制和开发的各种程序及其说明文档。

计算机系统的
基本概念

> **拓展知识** 计算机系统中如果只有硬件系统，那么通常称这个计算机为"裸机"，缺少软件系统的硬件系统是不能运行的，且无法完成数字信息处理任务。同样，脱离硬件系统，软件系统也是无法独立运行的。我们可以把计算机硬件系统简单地理解为一个普通的机器设备，软件系统则是针对这个机器配备的操作人员、维护人员等。他们必须相互配合，才能共同操作这个机器设备完成指定的工作。

1. 计算机硬件系统

按照冯·诺伊曼的计算机体系结构的原理，计算机硬件系统主要有 5 个组成部分，分别是运算器、控制器、存储器、输入设备和输出设备。运算器是计算机系统内负责数据运算的核心部分。在计算机的设计和制造中，运算器和大部分控制器被集成在一个中央处理单元（CPU）中。因此，CPU 的制造水平和运算速度在一定程度上可以代表整个计算机硬件系统的性能。从以"ENIAC"为代表的电子管计算机开始，计算机的发展主要经历了四代技术革新：第一代电子管计算机、第二代晶体管计算机、第三代中小规模集成电路计算机、第四代大规模集成电路和超大规模集成电路计算机。

2. 计算机软件系统

计算机软件系统的组成部分按其主要功能可分为应用软件和系统软件，其中应用软件是指为了某些专用目的而开发的专门软件。例如，为办公开发的 WPS Office 办公软件，为收发电子邮件开发的电子邮箱等，通常我们也将应用软件简称为应用程序或者程序。系统软件的主要功能是负责管理和维护计算机的硬件系统，并为其他应用软件提供支持和服务。系统软件中的基础和核心是操作系统软件，此外还有系统自检诊断程序等。

整个计算机系统的逻辑结构形式如图 1.1 所示，用户通常为了特定的功能和需求使用专业领域的应用软件，应用软件通过操作系统等系统软件来间接管理和控制计算机硬件系统的运行，完成相关任务后再将数据和信息通过计算机的输出设备反馈给用户。因此，操作系统是处于用户、应用软件和硬件系统之间的重要沟通桥梁，向下维护、管理、控制硬件，向上给用户和应用软件提供稳定和可靠的系统支持。总之，操作系统在整个计算机系统中发挥着至关重要的作用。

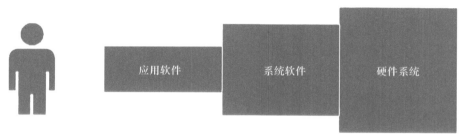

图 1.1　计算机的逻辑结构形式

1.2　计算机操作系统的发展

1. 计算机操作系统的发展阶段

早期的计算机使用的是一种手工操作模式，即由专门的操作员通过录有程序和数据的卡片或打孔纸带去操作计算机。计算机读入程序和数据后就开始工作，直到程序停止。所以，通常认为在计算机的手工操作阶段并没有真正意义上的操作系统软件。

计算机操作
系统的发展

第一代操作系统被称为批处理系统，设计批处理系统的主要目的是以批处理软件取代手工输入、输出程序等工作，来提高计算机的利用效率。批处理系统能够监控计算机处理器的工作状态，并能成批地处理一个或多个用户提交的程序和数据。这样就改进了由手工控制计算机处理计算任务的低效形式。

随着计算机运行速度的不断提高，计算机操作系统也逐渐由批处理系统更新为多道批处理系统。所谓多道批处理，就是指允许多个程序同时进入内存，共享系统中的各种软硬件资源，并同时运行。

在多道批处理系统之后，又发展出了计算机的分时系统。分时系统就是把处理机的运行时间分成很短的时间片，按时间片轮流把处理机分配给各个联机终端使用，即计算机服务于多个终端。由于计算机计算速度很快，作业运行轮转得很快，所以可以实现快速地切换和处理多个终端的应用程序。

此外，还有能够及时响应随机发生的外部事件，并在严格的时间范围内完成对该事件的处理的实时系统。实时系统的主要特点是高响应性和高可靠性。

20 世纪 80 年代之后，由于个人计算机和网络技术的发展，计算机操作系统的研发也逐渐开始关注个人计算机技术、多媒体技术及网络技术等方面。现代操作系统在硬件系统管理上也更加强调多任务运行、多媒体技术、网络连接功能等，关注更友好的操作界面，致力于提高人机交互体验。

2. 计算机操作系统的分类

计算机操作系统作为硬件系统、应用软件与用户之间的重要桥梁，依据不同的硬件系统底层和应用目的可以进行不同的分类。例如，依据计算机的应用场景划分，可以分为移动操作系统、桌面操作系统和服务器操作系统；依据支持的用户数划分，可以分为单用户操作系统和多用户操作系统；依据支持的任务数量划分，可以分为单任务操作系统和多任务操作系统；依据对网络的支持情况划分，可以分为网络操作系统和单机操作系统。此外，常见的还有分布式操作系统和云操作系统等。

当前，Windows、macOS 和 GNU/Linux 都是主流的桌面操作系统，通常是运行在个人计算机上的多任务、多用户操作系统。三者的主要差异在操作系统的内核和架构设计上，但是每一种操作系统实现的基本功能和任务都相同。此外，现代操作系统基本上都实现了通过图形化的用户界面实现相关的计算机管理和维护功能，能够极大地提升我们的工作效率和使用感受。除了个人计算机操作系统外，数字化时代的各种移动设备也都有相应的移动版操作系统，例如 Android 和 iOS 等。这些操作系统虽然应用于不同的终端设备，但都实现了相同的基本功能。

> **拓展知识** GNU/Linux 通常简称为 Linux，它是一种免费的开源操作系统，继承了 UNIX 以网络为核心的设计思想。Linux 的核心由其创始人 Linus Torvalds 领导的核心社区进行开发，同时还有很多其他的 Linux 社区在该核心的基础上开发了很多种 Linux 的发行版操作系统。

3. 计算机操作系统的核心功能

操作系统在计算机系统中的主要功能是管理和维护硬件，以及为应用软件提供系统支持，包括系统进程管理、文件资源管理、系统设置和管理、网络管理和系统软件的集成等多种功能。

- **系统进程管理（程序的调用管理）**：操作系统负责加载、调用和管理应用软件，例如软件的启动、关闭和后台运行等，如我们常见的 Windows 下的任务管理器，用户可以通过它控制和管理操作系统上运行的所有软件程序。

- **文件资源管理**：操作系统负责维护和管理计算机系统内的所有数据和文件，在当前个人数据和隐私安全问题日益突出的情况下，更好地维护个人数据信息的安全是操作系统的重要功能。

- **系统设置和管理**：操作系统需要管理和维护硬件系统的驱动程序，管理软件系统对硬件的调用。
- **网络管理**：现代操作系统中的网络管理功能是一个重要功能。操作系统需要维护网络系统的各类协议和进行通信管理，并保障数据信息的通信安全。
- **系统软件的集成**：为了提供更好的用户体验，目前操作系统通常会集成一部分系统软件和常用的应用软件。

1.3 统信 UOS 操作系统概述

可以说，Linux 是一种应用非常广泛的基于 POSIX 和 UNIX 的多用户、多任务的开源操作系统。用户可以通过网络或其他途径免费获得 Linux，并可以任意修改其源代码。这一优势让 Linux 吸引了无数开源社区的程序员参与到 Linux 操作系统的开发中。此外，Linux 兼容 POSIX 标准，可以在 Linux 下通过相应的模拟器运行常见的 DOS、Windows 的程序。Linux 支持多用户、多任务，各个用户对自己的文件和设备有自己特殊的权利，这就保证了各用户之间互不影响，可以使多个程序同时并相互独立地运行。

在 Linux 不断发展的这几十年，陆续涌现了一大批优秀的、基于 Linux 内核的发行版操作系统。我国软件产业起步较晚，操作系统领域很长一段时间都由国外公司垄断。近些年来，经过我国软硬件厂商的持续努力和大量资源的投入，国产操作系统生态体系在不断发展壮大，例如统信 UOS 操作系统及其应用生态也日趋成熟。

统信 UOS 操作系统（简称 UOS 操作系统）基于 Linux 内核，同源异构支持多种 CPU 架构（如 AMD64、ARM64、MIPS64、SW64）和 CPU 平台（如鲲鹏、龙芯、申威、海光、兆芯、飞腾），提供高效简洁的人机交互界面、美观易用的桌面应用、安全稳定的系统服务，是真正可用和好用的操作系统。UOS 操作系统通过对硬件外设的适配支持，对应用软件的兼容和优化，以及对应用场景解决方案的构建，能够满足项目支撑、平台应用、应用开发和系统定制等需求。

> **拓展知识** 由于计算机硬件系统，尤其是 CPU 架构的不同，使得操作系统并不能做到完全地跨平台通用，因此在使用中需要选择和自己硬件系统匹配的操作系统版本。我们可以这样简单理解，即不同类型的机器设备需要由不同的操作人员和维护人员进行管理和维护。

UOS 操作系统桌面版包含 DDE 桌面环境和几十款原创应用，以及众多来自应用厂商和开源社区的原生应用软件；支持全 CPU 架构的笔记本、台式机、一体机和工作站，能够满足用户的日常办公和娱乐需求；支持统一用户认证管理、安全策略集中控制、软件的更新与分发等。

- **UOS 操作系统服务器版：** 在桌面版的基础上，向用户的业务平台提供标准化服务，以及虚拟化、云计算等应用场景支撑；支持主流商业和开源数据库、中间件产品，支持各种云平台产品；具备优秀的可靠性、高度的可用性、良好的可维护性，其高可用和分布式支撑，能满足业务拓展和容灾需求。

- **UOS 操作系统专用设备版：** 在桌面版的基础上，针对专用设备应用场景进行操作系统的个性化定制；具备可靠的稳定性且性能优异，能满足诸如金融自助服务设备、网络安全设备等应用需求。

- **UOS 操作系统的主要优势和特点：** UOS 操作系统使用自主研发桌面环境 DDE，提供美观的桌面，符合用户的操作习惯。UOS 操作系统集成了大量高质量的桌面应用软件，并且使用 Deepin-wine 技术，可以兼容和运行大量的 Windows 平台软件。UOS 操作系统内置防火墙、多等级权限控制等安全机制，并且定期进行安全补丁升级，能够提供更高级别的信息安全保障。

本 章 小 结

操作系统作为计算机系统的核心软件，一方面为用户提供一个简单、友好的操作界面，在人机交互方面发挥着重要作用，另一方面为计算机的用户数据和基本信息安全提供了可靠的安全保障。因此，学习和熟练掌握操作系统的管理、设置和维护是信息时代对我们最基本的要求。后面的章节将会详细讲解 UOS 操作系统的基本知识和基本操作。

思考与练习

- 简述计算机软硬件系统的组成和关系
- 简述计算机软件系统的分类
- 简述操作系统有哪些主要功能和作用

第2章

操作系统安装与 DDE 桌面环境

本章导读

　　一个计算机系统必须具备完整的硬件系统和操作系统之后才能真正实现计算机和用户之间的人机交互功能。本章将详细讲解 UOS 操作系统安装过程中的关键操作步骤，并在安装过程介绍中穿插介绍一些计算机磁盘管理方面的基础知识。本章后半部分简要介绍 UOS 操作系统的 DDE 桌面环境的基本组成。

教学目标

- 熟练掌握 UOS 操作系统的安装操作
- 初步熟悉和认识 UOS 操作系统的 DDE 桌面环境
- 了解磁盘的分区和挂载的基本概念
- 熟悉 UOS 操作系统的命令行界面

2.1 下载和安装 UOS 操作系统

UOS 操作系统是一套基于 Linux 开源技术研发的发行版操作系统，个人用户和企业用户都可以通过网络下载并安装该操作系统。UOS 操作系统的获取方式非常简单：搜索"统信软件技术有限公司"（以下简称"统信软件"），进入统信软件官方网站，在该网站下载 ISO 格式的 UOS 操作系统镜像文件。

由于不同的 CPU 架构及平台的硬件架构和底层指令代码不相同，所以作为管理和控制硬件系统的操作系统必须要与硬件系统正确匹配，才能实现控制、管理和维护硬件系统的功能。UOS 操作系统支持多种 CPU 架构和平台，所以用户下载前需要首先确认自己的硬件系统的平台和架构类型，然后核对自己的硬件是否符合 UOS 操作系统的最低要求，选择下载与自己计算机硬件系统相对应的操作系统文件。以常用的 AMD64 平台为例，UOS 操作系统的最低硬件配置要求如下。

- CPU 频率：2GHz 或更高的处理器。
- 内存：至少 2GB 运行内存，4GB 以上是达到更佳性能的推荐值。
- 硬盘：至少有 64GB 的闲置存储空间。

在核对硬件系统的基本要求后，用户可以通过统信软件官方网站下载匹配的 UOS 操作系统 ISO 镜像文件。为了安装 UOS 操作系统，用户还需要准备 DVD 刻录机和 DVD 光盘，或者准备一个容量为 8GB 以上的空白闪存盘（例如使用 USB 接口的闪存盘——U 盘），用来制作系统启动盘。在做好这些准备工作后，就可以正式进入 UOS 操作系统的安装阶段。

2.1.1 安装的关键步骤

1. 个人数据备份

安装操作系统前，用户首先需要对待安装 UOS 操作系统的计算机的所有个人数据进行备份。因为，安装操作系统的过程会初始化当前计算机的系统磁盘，盘内原有的数据和文件会被删除。因此，建议用户使用移动硬盘或者云存储等多种形式保存系统盘中的个人文件。

2. 制作启动盘

在统信软件官方网站下载的操作系统 ISO 格式文件，可以通过光盘刻录机烧录到 DVD 光盘中，然后通过 DVD 光盘驱动器正确读取光盘中的文件和数据来引导和安装操作系统。由于目前 DVD 刻录机等设备使用较少，也可以选择使用 U 盘来制作 UOS 操作系统的启动盘。

目前流行的启动盘制作工具较多，例如，RUFUS、深度启动盘制作工具等。这些工具使用简单，只需要准备一个空白的 8GB 或以上容量的 U 盘（制作启动盘会删除 U 盘内的原有数据）和下载的 ISO 格式文件就可以制作。使用深度启动盘制作工具制作启动盘的具体操作步骤如下。

① 如图 2.1 所示，单击"Reselect an ISO image file"按钮，选择已下载好的 UOS 操作系

统 ISO 格式的文件。

② 单击"Next"按钮，进入图 2.1（b）所示的操作界面。

③ 在该界面选择准备好的 U 盘。

④ 为了提高启动盘制作的成功率，建议在界面中勾选"Formating disk can increase the making success rate"选项，格式化 U 盘。

⑤ 单击"Start making"按钮，开始制作启动盘。

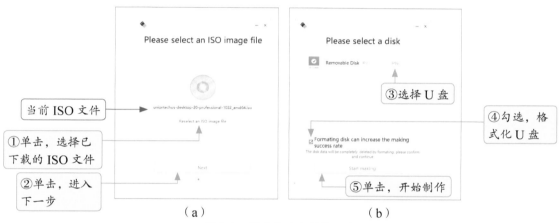

图 2.1 深度启动盘制作工具

此外，建议将 U 盘格式化为"FAT32"格式，以便启动盘制作工具能够正确识别 U 盘。通过启动盘制作工具，选择之前下载的 UOS 操作系统 ISO 格式文件，就可以利用该工具的智能向导自动制作启动盘。当启动盘制作工具提示制作成功后，一个可以用于引导和安装 UOS 操作系统的启动盘就制作完成了。

3. 使用启动盘启动计算机

将上一步制作好的启动盘正确插入计算机的 USB 口，并重新启动计算机。按下启动计算机的 BIOS 快捷键（如快捷键【F2】，不同类型的计算机对应的快捷键不同，常见计算机类型对应的 BIOS 快捷键如表 2.1 所示），进入 BIOS 界面，将启动盘设置为第一启动项并保存设置。

表 2.1 不同计算机的 BIOS 快捷键

计算机类型	快捷键
一般台式计算机	Delete
一般笔记本计算机	F2
惠普笔记本计算机	F10
联想笔记本计算机	F12
苹果笔记本计算机	C

> **拓展知识** 计算机启动是一个比较复杂的过程，计算机在完成自检后，会自动读取内部的指令，然后根据指令到指定的磁盘和位置上读取操作系统的引导文件。因此，我们需要设置启动盘，对于启动盘的制作，不是将 ISO 文件复制到 U 盘就可以的，而是要通过启动盘制作工具来实现。

在进入 BIOS 界面后，选择使用制作好的启动盘启动计算机，计算机重新启动后，启动盘将会自动启动 UOS 操作系统的安装向导程序。

4. 开始安装 UOS 操作系统

进入 UOS 操作系统的安装向导程序后，在启动盘的引导下进入 UOS 操作系统安装界面，系统会默认选中"Install UOS 20 desktop"选项，用户可按【Enter】键确认，或等待 5 秒后自动进入安装向导程序（以下简称"安装向导"）。此时，安装向导界面如图 2.2 所示，界面左侧显示当前的安装步骤，当前默认的安装步骤为"选择语言"。在该界面用户需进行的操作步骤如下。

安装 UOS
操作系统

① 选择语言，系统默认使用"简体中文"。

② 安装操作系统前，用户需要阅读相应的许可协议并勾选同意。

③ 单击"下一步"按钮，进入磁盘分区管理界面。

图 2.2　进入 UOS 操作系统的安装向导界面

2.1.2　安装中的硬盘分区

一台计算机往往会带有物理磁盘（俗称"硬盘"），一般情况下需要持久化存储的数据往往保存在硬盘等辅助存储器中。在 UOS 操作系统的安装过程中，硬盘分区是很重要的安装步骤。要理解硬盘分区的设置，需要先了解分区、格式化和挂载等概念。

分区是指将磁盘（硬盘）的存储空间划分成多个区域，每一个区域都是一个相对独立的空间。使用多个分区的重要目的是将不同种类的文件分门别类存储到不同的分区中，便于操作系统的文件管理。

为了使分区中的文件组织成操作系统能够处理的形式，需要对分区进行格式化，即按照操作系统能够读写的文件系统格式进行初始化操作。

在操作系统中，分区在格式化之后，还要经过挂载才可以使用。挂载，可简单理解为将分区关联到目录树中某个已知目录上；挂载点，简单地说，就是所关联的已知目录。

因而，建议用户在不同的分区存储不同类型的文件，这样能够大幅提高操作系统对文件的管理和查找效率。事实上，分门别类存放文件，是良好的计算机使用习惯。

> **拓展知识**　UOS 操作系统使用一种倒树状目录存储形式，即首先使用一个根目录（也称 root 目录，使用符号 "/" 表示），并在根目录下不断分出子目录，最终形成一个树根在顶部，不断向下分叉的倒树状结构。此外，UOS 操作系统也可以通过将多个磁盘挂载在不同目录上，来组织所有系统内的文件。

1. 选择安装类型

在安装向导中的"硬盘分区"步骤中，有"全盘安装"和"手动安装"两种类型可选。

全盘安装。全盘安装是指操作系统自动使用整个硬盘安装操作系统。全盘安装形式下具体的硬盘分区和目录挂载形式是由安装向导自动对其进行分区操作的，用户不需要参与。因此全盘安装可以认为是一种全自动安装形式，如图 2.3 所示。

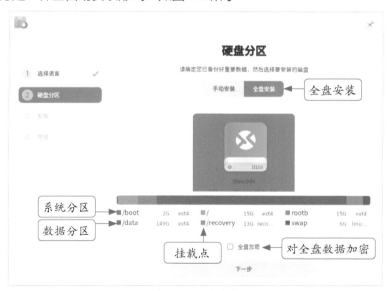

图 2.3　全盘安装

全盘安装状态下，安装向导将会自动将硬盘分区，并设置分区格式。如图 2.3 所示，系统自动将硬盘分为两个区，一个是系统分区"/boot"，操作系统程序安装于此区；另一个是数据分区"/data"，主要用于存放应用数据。此外，用户可以选择"全盘加密"，将整个硬盘的所有数据都进行加密，设置成更加安全的数据存储形式。如果选择"全盘加密"，会要求用户输入访问密码，用户应当牢记密码。

手动安装。手动安装是用户自己选择和指定分区的大小、文件系统，并进行目录的挂载。下面以手动安装为例，详细讲解硬盘的分区和安装过程。在手动安装界面，当程序检测到当前设备只有一块硬盘时，安装列表则只会显示一个硬盘图标，并通常标识为"sda"；当程序检测到多块硬盘时，列表会显示多个硬盘图标，会分别标识为"sda""sdb""sdc"，依次类推。

2. 硬盘手动分区操作

在计算机已装配硬盘的情况下，在硬盘分区界面选择"手动安装"后会显示图 2.4 所示的界面。在该界面中，用户既可以新建分区，也可以修改或删除分区。如图 2.4 所示，用户可单击修改按钮，修改分区的相关属性，但要注意的是修改分区时只能调整分区的文件系统格式和挂载点。如果需要调整分区的大小，可单击"删除"按钮删除分区后重新分配。若要新建一个分区，则单击新增按钮，弹出图 2.5 所示的"新建分区"对话框，可选的挂载点包括"/""/boot""/home""/var"等，其中"/home"表示用户个人数据目录，其他目录都属于系统文件目录。

在 UOS 操作系统中，安装系统的分区挂载点必须选择根目录"/"，即顶层目录。分区的文件系统格式是指硬盘分区的存储格式，文件系统可以选择"ext4""ext3""swap"等格式，其中数据文件的存储分区使用"ext4"或"ext3"格式，交换分区使用"swap"格式。需要注意，设置好分区后，安装向导会将硬盘格式化，该硬盘中的原有数据会全部丢失。

> **拓展知识** 硬盘格式化是指操作系统按照选定的文件分区格式将硬盘进行初始化操作。只有完成格式化后系统才能正常在该分区读写数据和文件。格式化操作将会把分区内所有数据清空，因此在格式化操作之前必须备份重要数据。

图 2.4　手动安装

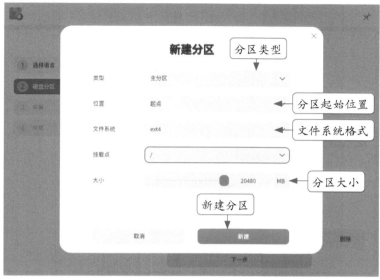

图 2.5　新建分区

在硬盘分区设置好之后，安装向导将自动进行硬盘分区操作和分区的格式化操作。在所有的硬盘分区和格式化设置完成后，安装向导也会自动将 UOS 操作系统文件复制到相应的硬盘分区中安装。在文件复制过程中，界面中展示着当前操作系统安装的进度及其新功能、新特色简介等信息。用户也可以单击显示 / 隐藏日志按钮，选择是否查看操作系统安装过程中的相关信息，如图 2.6 所示。

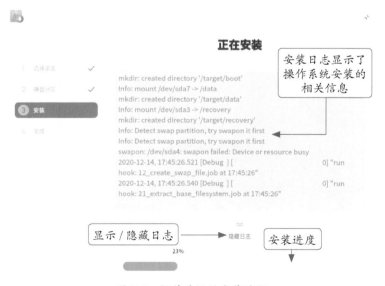

图 2.6　操作系统的安装过程

在操作系统安装过程中可能会因为某些软件或硬件原因导致安装出现错误或者安装失败。

如果在操作系统安装过程中出现错误提示信息，请仔细阅读。用户也可以将其保存到存储设备中，以方便后期解决问题。总之，在操作系统安装过程中认真阅读各类信息非常重要。

当安装向导提示安装成功后，计算机会自动重启，然后进入 UOS 操作系统的初始化操作界面。

2.1.3 初始化设置操作

操作系统安装完成且计算机自动重启之后，还需要再次进行一些初始化设置，例如选择语言和键盘布局、选择时区、创建账户、配置网络、优化系统配置等。

1. 选择语言和键盘布局

由于用户在安装操作系统时已经选择了语言（见图 2.2），在操作系统安装成功后，首次启动会自动进入"键盘布局"设置界面。如果需要修改语言，还可以单击"选择语言"页签重新选择语言。

2. 选择时区

在选择时区界面，有"地图"和"列表"两种选择时区的模式，推荐使用"列表"模式进行设置。在列表模式下，用户可以先选择区域再选择城市。操作系统将会依据相应的选择自动设置时区。此外，在界面下方还可手动设置时间，如图 2.7 所示。

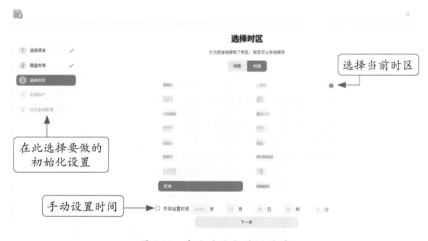

图 2.7 系统时区和时间设置

3. 创建账户

在 UOS 操作系统的创建账户界面中，用户需要创建登录 UOS 操作系统的账户，针对该账户，用户可以自定义用户头像、用户名、计算机名、密码等，如图 2.8 所示。用户需要牢记自己的用户名和密码。这些信息是登录和使用 UOS 操作系统的重要凭证。

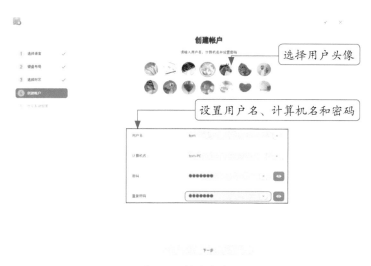

图 2.8　创建账户

4. 配置网络

在初始化设置过程中，用户可以根据当前主机的硬件情况配置网络。如图 2.9 所示，在 UOS 操作系统的初始化过程中可以设置网络的基本属性，包含 DHCP 的自动连接和手动连接，系统默认设置为 DHCP 自动连接（自动获取 IP 地址等信息）。单击 DHCP 列表框的下拉按钮，可以选择手动设置 IP 地址、子网掩码、网关和 DNS 等信息。配置网络界面中的 IP 地址等信息需要联系网络管理员获取，具体网络设置的基础知识和相关概念将会在后面的章节中详细讲解。

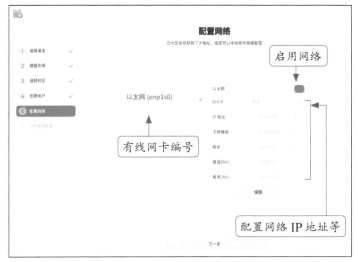

图 2.9　配置网络

5. 优化系统配置

完成前几项初始化设置后，UOS 操作系统会自动进入优化系统配置步骤。等所有的优化配置自动完成后，就完成了所有的安装步骤，UOS 操作系统就会自动进入用户登录界面。用户输入在创建账户步骤设置的用户名和密码即可登录 UOS 操作系统，进入 DDE 桌面环境。

2.2 DDE 桌面环境

UOS 操作系统集成了 DDE 桌面环境，用户在 DDE 桌面环境下能够通过图形化的交互界面实现操作系统的绝大部分操作功能。

2.2.1 DDE 桌面环境概览

DDE 桌面环境主要包括桌面背景、任务栏和桌面图标等，如图 2.10 所示。下面简要介绍任务栏、启动器和控制中心。

桌面环境介绍

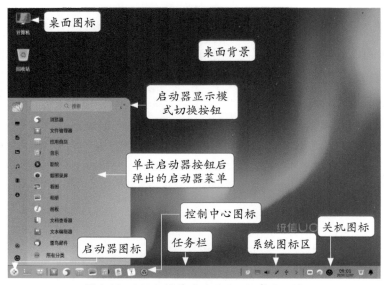

图 2.10　UOS 操作系统的 DDE 桌面环境

任务栏。任务栏是指位于桌面底部的长条形组件，主要集合了启动器图标、控制中心图标、系统图标、关机图标等。

启动器。启动器是负责维护和管理 UOS 操作系统中的所有软件的核心部件。启动器有两种显示模式——菜单模式和全屏平铺模式。单击启动器图标打开启动器菜单，进入其菜单模式，其样式和 Windows 中的开始菜单比较相似。单击启动器菜单右上角的显示模式切换按钮（见图 2.10）可将启动器转换为全屏平铺模式，如图 2.11 所示。启动器的两种显示模式切换灵活，用户可以选择自己喜欢的显示模式。启动器中集成了浏览器、文件管理器、应用商店、音乐、影院、截图录屏、看图、相册，以及控制中心等应用软件和工具。

启动器介绍

图 2.11　启动器的全屏平铺模式

用户通过启动器能快捷地启动应用软件，所以可以将启动器看作各类应用软件的便捷管理工具。在应用软件图标上单击鼠标右键，其右键关联菜单如图 2.12 所示。可见，在启动器中除了可以启动应用软件外，还可以实现以下常用的软件管理功能：

- 将该应用软件的快捷方式添加至桌面；
- 将该应用软件添加至任务栏或从任务栏上移除；
- 将该应用软件设置为"开机自动启动"；
- 直接通过启动器卸载该应用软件。

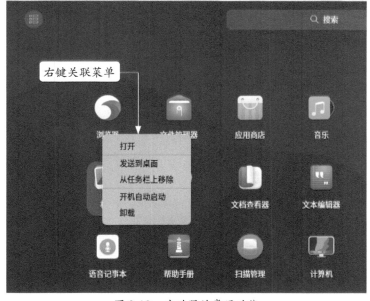

图 2.12　启动器的常用功能

控制中心。控制中心的主要功能包括账户设置、Union ID 设置、显示设置等。用户可以在启动器中查找并打开控制中心。此外，也可以通过单击任务栏中的控制中心图标将其打开。打开控制中心后，其界面如图 2.13 所示。

图 2.13　控制中心的界面

2.2.2　注销与关机

UOS 操作系统是一个多用户操作系统，单击任务栏右侧的关机图标，会弹出注销窗口，如图 2.14 所示。注销窗口提供关机、重启、待机、休眠、锁定、切换用户和注销这 7 种选项，用户可根据自己的实际需求进行选择。

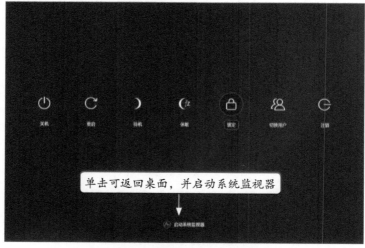

图 2.14　UOS 操作系统的注销窗口

- 关机：关闭计算机。
- 重启：关闭并重新启动计算机。
- 待机：将计算机除内存外的设备进行断电（计算机从待机状态恢复后，可以直接回到待机前的状态）。
- 休眠：休眠模式下系统会自动将当前运行的程序和数据全部转存到磁盘的休眠文件中，然后切断对所有设备的供电（当计算机从休眠模式恢复时，系统会从休眠文件恢复数据，并返回到休眠之前的状态）。
- 锁定：锁定当前用户后，当前正在运行的程序会在锁定状态下运行，用户再次登录系统时，需要输入当前账户密码。
- 切换用户：切换当前用户。
- 注销：注销计算机后，当前正在运行的程序会被关闭，系统会清除当前登录用户的账户信息（下次开机后，用户可重新输入账户信息登录系统）。

2.2.3 授权与激活

UOS 操作系统安装完成后需要进行操作系统的授权和激活。操作系统的授权状态分为两种，分别为"已激活"和"未激活"。如果操作系统未激活，则在任务栏的系统图标区会显示授权管理图标，并且桌面背景的右下角会显示"试用期"，如图 2.15 所示。用户可通过统信软件官方网站申请授权和用于操作系统激活的序列号或激活文件。授权管理是操作系统预装的工具，利用该工具可以帮助用户激活操作系统，操作系统激活后用户可以获得更高的管理权限，体验更加完整的功能。

图 2.15　系统激活管理

操作系统激活操作。单击任务栏系统图标区的授权管理图标进入授权管理界面；或者也可以通过控制中心的"系统信息"选项，查看版本授权栏目进入授权管理界面，如图 2.15 所示。在授权管理界面，单击"输入序列号"或"导入激活文件"，然后根据提示输入序列号或导入激活文件，即可激活 UOS 操作系统。

操作系统激活

2.2.4 应用 Union ID 同步数据

UOS 操作系统可以通过 Union ID 实现用户数据的网络同步和备份功能。当用户登录 Union ID 后，可将当前 UOS 操作系统的各类配置信息，例如网络、声音、鼠标、更新、任务栏、启动器、壁纸、主题、电源等配置信息同步到网络。当用户拥有多台使用 UOS 操作系统的计算机时，可以通过 Union ID 在另一台计算机上登录，并一键同步以上配置到新设备当中。

注册 Union ID。新用户需要先注册 Union ID，注册方式有以下两种。

方式 1，在控制中心单击"Union ID"，在弹出的界面中单击"立即注册"按钮注册一个新账号，如图 2.16 所示。

方式 2，在统信软件官方网站，通过网站的注册向导注册一个新账号。

登录 Union ID。用户完成 Union ID 注册后，可在 UOS 操作系统的控制中心登录 Union ID。当用户不需要使用 Union ID 进行数据同步时，可选择退出（登出）Union ID，当前主机就会在本机存储所有配置信息。

同步配置。用户登录 Union ID 后，系统会自动同步用户的网络、声音、鼠标等个性化设置及系统配置信息。用户可选择是否"自动同步配置"，也可选择同步一部分配置信息，如图 2.17 所示。

图 2.16　Union ID 注册

图 2.17　同步配置

2.3　图形用户界面和命令行界面

用户与操作系统进行交互的界面主要包括图形用户界面和命令行界面两种形式。UOS 操作系统同时集合了这两种界面。

图形用户界面。UOS 操作系统使用的 DDE 桌面环境就属于图形用户界面。我们通常所说的图形用户界面一般也称为 GUI（Graphical User Interface），这是一种用户与计算机交互的图形化界面。GUI 主要由窗口、按钮、下拉菜单、对话框等多种标准化控制组件组成。这些组件使用统一的数据交互方式，允许用户使用鼠标等输入设备操纵屏幕上的图标或菜单选项，以选择命令、调用文件、启动程序或执行其他日常任务。由于 GUI 环境下用户看到和操作的都是标准化的图形对象，而且操作界面简洁明了，因此图形用户界面的应用相当广泛。

命令行界面。命令行界面（Command-Line Interface，CLI），是在图形用户界面得到普及之前使用最为广泛的用户交互界面形式。命令行界面通常以字符形式显示交互信息，主要依靠键盘输入命令行形式的指令，计算机收到指令后予以执行。UOS 操作系统也支持命令行界面。用户可以使用快捷键【Alt+（F2 ～ F6）】或【Ctrl+Alt+（F2 ～ F6）】，打开纯字符形式的命令行界面，或在 DDE 桌面环境的启动器中打开"终端"模拟器，进入图形用户界面下的模拟命令行界面，如图 2.18 所示。

"终端"模拟器
介绍

我们可以把"终端"模拟器看作是一个虚拟的 CLI 交互控制台，在模拟器窗口可以通过命令行的形式来运行相关的程序，例如图 2.18 内显示调用了 uname、ls、pwd 这 3 个命令，分别显示了当前 UOS 操作系统的相关信息、当前目录内的文件信息及当前目录路径。

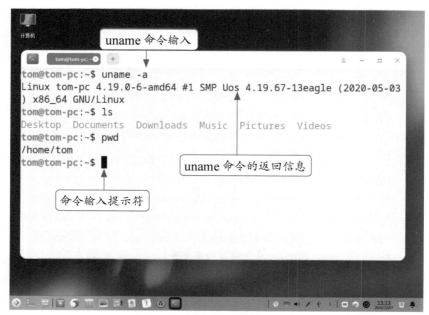

图 2.18 "终端"模拟器界面

在命令行界面中,通常需要用户通过键盘,手动输入操作系统内置的各种命令来管理计算机,可见,其不如图形用户界面的交互形式简单易用。但是命令行界面比图形用户界面更加节约计算机系统的资源。在用户熟记命令的前提下,使用命令行界面往往比使用图形用户界面的操作速度更快。所以,在使用图形用户界面的操作系统中,一般都保留着可选的命令行界面。甚至在很多情况下,例如在计算机图形配置较低或远程控制计算机时,计算机操作人员往往会通过命令行界面管理计算机。在学习使用和管理操作系统时,掌握一定的命令行使用技能很有必要。

shell 解释器。命令行界面是通过 shell 解释器实现用户与操作系统的命令交互的。shell 解释器负责解释用户输入的命令并把它们交给操作系统执行,然后将结果反馈给用户。shell 解释器提供了用户与操作系统进行交互操作的接口,它有自己的编程语言,用户可使用该语言编写由 shell 命令组成的程序来实现与操作系统的交互。

本章小结

本章主要介绍 UOS 操作系统的下载、安装过程。在操作系统的安装过程中,重点是计算机磁盘分区的相关概念和操作。计算机磁盘分区是计算机操作系统存储管理的一个重要环节,所以应当作为本章的重点进行学习。此外,在学习 UOS 操作系统图形用户界面(DDE 桌面环境)下的基本操作过程中,也应当了解命令行界面下的一些基本知识,这些知识点是熟练掌握操作系统应用的基础。

思考与练习

- 练习下载和安装 UOS 操作系统
- 分区（硬盘分区）的意义是什么
- 描述 UOS 操作系统倒树状目录存储形式
- 图形用户界面和命令行界面的区别是什么

第3章

文件管理

本章导读

　　文件管理是操作系统最基本也是最重要的功能之一，是指从文件系统的角度对文件的存储空间进行组织、分配和回收，以实现文件的存储、检索、共享和保护。用户应用操作系统可对系统内的文件进行查找、复制、删除、修改等具体操作。本章主要介绍文件管理的基础知识和 UOS 操作系统下文件管理的具体操作。

教学目标

- 了解文件和目录的相关概念，以及文件系统的结构形式
- 了解 UOS 操作系统下的文件属性和操作权限
- 熟练掌握图形用户界面下文件管理的基本操作方式
- 掌握常用文件管理命令的用法

3.1　文件管理的基本概念与磁盘分区

UOS 操作系统对文件的管理大致可以分为 3 个层次。第 1 个层次，对磁盘进行分区管理，多分区的形式更加有利于数据的分类存储和系统的数据管理；第 2 个层次，操作系统以倒树状目录存储形式管理所有数据资源，磁盘分区也会挂载到操作系统的目录树下；第 3 个层次，可以说文件是操作系统将数据保存在存储设备中的一种基本存储形式，所有文件是存储在目录树上的。操作系统从这 3 个层次来统一规划和管理计算机的数据信息。

3.1.1　文件系统

文件系统（File System）是操作系统在存储设备中组织和管理文件的一种具体数据组织形式。从操作系统的角度来看，文件系统对文件存储设备的空间进行组织和分配，负责文件存储并对存入的文件进行保护和检索。具体地说，它负责为用户建立文件，存入、读出、修改、转储文件，当用户不再使用时删除文件、回收存储空间等。

通常情况下每种操作系统都有自己特有的文件系统格式，例如 Windows 操作系统通常使用 NTFS 文件系统格式，macOS 操作系统使用 APFS 文件系统格式，Linux 的各个发行版操作系统通常使用 ext4 文件系统格式。UOS 操作系统作为一种 Linux 的发行版操作系统，它支持 ext4、ext3 等多种文件系统格式。文件系统格式的选择和设定在操作系统安装时就已经确定，后期如果更换文件系统格式将会重新初始化磁盘并造成数据丢失。此外，不同操作系统之间的文件系统格式并不完全兼容，因此不能混用。

3.1.2　文件和目录

为便于管理文件，操作系统将文件标注以文件头和文件尾，并给每一个文件命名和标注其基本属性。这样，就可以在文件系统的基础上，按照特定方式通过文件名查找具体文件和数据。

文件的目录在很多操作系统下也称为文件夹，Windows、UNIX、Linux 等操作系统采用的是多级目录结构（也称为树形结构）。例如在 Windows 操作系统的多级目录结构中，每一个磁盘都有一个根目录，在根目录中可以包含若干子目录和文件，在子目录中不但可以包含文件，而且还可以包含下一级子目录，这样类推下去就构成了多级目录结构。采用多级目录结构的优点是用户可以将不同类型和不同功能的文件分类存储，既方便文件管理和查找，还可以在不同目录中存储文件名相同的文件。

表 3.1 中简要描述了 UOS 操作系统的常用目录及其功能。用户在使用中需要熟练掌握这些目录的基本作用。

表 3.1　UOS 操作系统的常用目录及其功能

目录	功能
/bin	存储常用用户指令
/boot	存放系统引导时使用的各种文件
/dev	存放设备文件
/etc	存放系统、服务的配置目录与文件
/home	存放用户家目录
/lib	存放库文件，如内核模块、共享库等
/usr	存放系统应用程序目录

路径是指文件在文件系统内的存储地址。通常文件路径是按照目录的形式表示文件的存放位置的。文件的路径表示通常有绝对路径和相对路径两种，绝对路径是从根目录"/"开始表示文件位置的，也就是说绝对路径是从根目录开始写的，而各级目录之间使用"/"进行分割，例如"/home/tom/data.txt"就表示一个绝对路径。相对路径是指从当前目录开始表示的，即从当前目录开始写，通常用点"."表示当前目录，用两个点".."表示上一级目录，如果当前目录是"/home/tom"，那么 data.txt 文件的相对路径就是"./data.txt"。

3.1.3　分区编辑器

磁盘分区的概念和操作在 UOS 操作系统的安装过程中就已经简单介绍过，在实际工作中，往往还需要对磁盘进行增添、维护等管理操作。这些操作可通过分区编辑器完成，它是 DDE 桌面环境下集成的图形化的磁盘分区管理工具。

通过分区编辑器，用户可以非常直观地对磁盘分区的状态进行管理和维护。在启动器的系统工具下可以打开分区编辑器，如图 3.1 所示。在该界面下用户可以设置各分区的文件系统格式、挂载点、卷标、大小等。

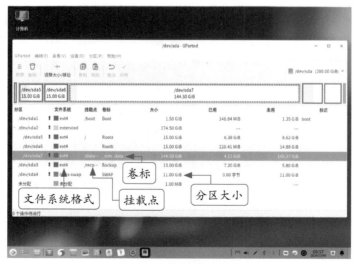

图 3.1　分区编辑器界面

使用分区编辑器对磁盘进行分区管理可能会使系统原有数据丢失，因此需要慎重使用。此外，如果计算机新增了存储设备（如硬盘或者移动存储设备），也可以使用分区编辑器对新增存储设备进行分区管理。

3.2 图形用户界面下的文件管理

在图形用户界面下，UOS 操作系统中的文件管理可通过文件管理器实现，文件管理器以图形化的形式标识了 UOS 操作系统内的所有文件，并支持所有的文件管理操作，其使用方式和 Windows 系统内的文件资源管理器类似。

3.2.1 文件管理器的基本应用

文件管理器介绍

打开文件管理器的方式有很多种。例如，在启动器中查找并打开文件管理器，在任务栏中单击文件管理器图标打开文件管理器，或使用键盘快捷键【Win+E】快速打开文件管理器。打开文件管理器时的默认界面如图 3.2 所示。

图 3.2 文件管理器界面

文件管理器左侧窗口显示常用文件夹（图形用户界面下通常将目录称为文件夹）列表，右侧窗口显示当前文件夹内的子文件夹及文件。在文件管理器内，能够对用户文件／文件夹进行的主要操作如下。

- 新建用户文件／文件夹。
- 复制文件／文件夹。
- 移动文件／文件夹。
- 重命名文件／文件夹。
- 查看和修改文件／文件夹的属性。
- 删除文件／文件夹。
- 从回收站恢复被删除的文件／文件夹。

例如，在文件管理器左侧窗口的文件夹列表中单击"文档"选项，此时文件管理器右侧窗口中就会显示"文档"这一文件夹下的所有文件／文件夹。此时在右侧窗口空白处单击右键，可通过弹出的右键关联菜单对"文档"这一当前文件夹进行管理。如果想对当前文件夹中的某个文件／文件夹进行管理，就在该目标文件／文件夹上单击右键，通过弹出的右键关联菜单完成，如图 3.3 所示。

查看文件／文件夹的属性。使用文件管理器能够快速查看和设置文件／文件夹的属性，操作方式是在相应的右键关联菜单中选择"属性"选项（参考图 3.3 所示的右键关联菜单），弹出对应的属性标签。图 3.4 所示为"我的书目"这一文件的属性标签，可见其基本信息包括文件／文件夹的大小、类型、位置、创建时间等。

查看文件属性

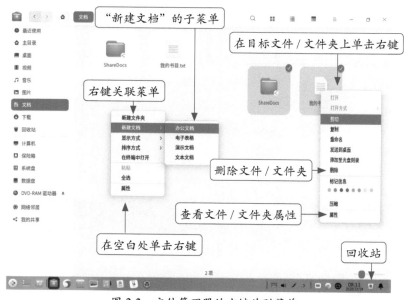

图 3.3　文件管理器的右键关联菜单

图 3.4　文件 / 文件夹的属性标签

删除和恢复文件 / 文件夹。删除文件 / 文件夹有两种常用的方式，一种是通过右键关联菜单（参见图 3.3）实现，另一种是将文件拖曳至回收站。使用这两种方式删除的文件 / 文件夹都会被保存在回收站中。打开回收站可以查看被删除的文件 / 文件夹。回收站内的文件 / 文件夹可以通过右键关联菜单中的"还原"选项恢复到删除前的位置，也可以通过"删除"选项永久删除，如图 3.5 所示。

回收站的主要作用是防止用户误删文件 / 文件夹。此外，用户可以通过单击图 3.5 所示的"清空"按钮一次性清空回收站内的所有文件 / 文件夹。由于文件 / 文件夹在回收站中彻底删除后将无法恢复，所以用户在清理回收站内的文件 / 文件夹时要谨慎。

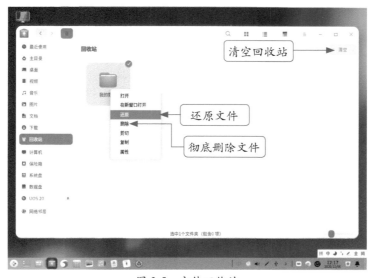

图 3.5　文件回收站

3.2.2　文件管理器的查看功能

文件管理器中与查看相关的功能主要有文件夹切换、文件搜索、显示方式、排序方式等，如图 3.6 所示。

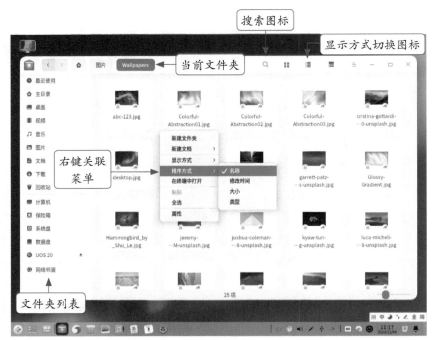

图 3.6　文件查看的相关功能

- **文件夹切换**：通过文件管理器左侧的文件夹列表可以快速切换文件夹，以方便地查找目标文件 / 文件夹。
- **文件搜索**：在文件管理器搜索图标左侧的文件搜索框输入关键词，然后单击搜索图标可快速查找文件。
- **显示方式**：通过右键关联菜单中的"显示方式"选项可设置文件 / 文件夹的显示方式，用户可选择以图标形式显示或以列表形式显示，还可以单击文件管理器工具栏中的显示方式切换图标来切换显示方式。
- **排序方式**：通过右键关联菜单中的"排序方式"选项可设置文件 / 文件夹的排序方式，可以按照名称、修改时间、大小等方式对当前文件夹下的所有文件 / 文件夹进行排序。

在使用文件管理器进行文件管理操作时，常用的快捷键及其功能如表 3.2 所示。

表 3.2　文件管理的常用快捷键及其功能

快捷键	功能
Ctrl + A	全部选中
Ctrl + C	复制
Ctrl + V	粘贴
Ctrl + X	剪切
Shift + Ctrl + N	新建文件夹
Delete	删除文件 / 文件夹
Ctrl + F	搜索文件

3.2.3　文件管理器设置

　　单击文件管理器的菜单图标，通过菜单中的"设置"选项打开文件管理器设置界面，用户可在该界面进行个性化设置。

　　文件管理器的设置界面有基础设置与高级设置两部分。文件管理器的基础设置包括打开行为、新窗口和新标签、视图、隐藏文件。其中，通过隐藏文件设置可以选择显示隐藏文件、重命名时隐藏文件扩展名、显示最近使用文件，如图 3.7 所示。

图 3.7　文件管理器设置界面

　　文件管理器的高级设置包括索引、预览、挂载、对话框、其他。其中，在索引设置中，选中"自动索引内置磁盘"选项，能够大幅提高文件搜索速度；通过预览设置，能够更加直观地查看文件内容，如图 3.8 所示。总之，用户可以通过这些个性化的设置，提高文件管理的效率。

图 3.8　文件管理器的高级设置

3.2.4　用户文件的加密存储

UOS 操作系统为了保护用户的数据安全，提供了文件加密保护功能。通过文件管理器的保险箱设置就可以获取一个文件安全存储空间。如图 3.9 所示，在文件管理器的文件夹列表中单击"保险箱"，在弹出的对话框中单击"开启"按钮，操作系统会自动提示用户设置访问密码。用户需要牢记自己设置的访问密码，因为在访问加密文件时需要使用所设置的访问密码才能存取加密后的文件。

访问密码设置完成后，系统还会提供一个恢复密钥，如图 3.10 所示，恢复密钥是在用户忘记访问密码的情况下使用的，所以用户一定要妥善保存。

图 3.9　保险箱的开启

图 3.10　恢复密钥

设置完成后，用户可以将个人隐私文件保存至保险箱内，该保险箱的基本使用方法和其他文件夹一致。通过右键关联菜单，用户可选择"立即上锁"或"自动上锁"方式锁定保险箱，如图 3.11 所示。

图 3.11　保险箱上锁方式设置

立即上锁的含义是立即锁定保险箱，自动上锁是可以设置指定时间自动锁定保险箱。保险箱锁定后，再次访问时必须输入访问密码，如果忘记了访问密码则需要使用恢复密钥。用户需要牢记访问密码和恢复密钥，因为如果两者都忘记，就无法访问保险箱内的文件了。

3.2.5 文件的访问权限设置

UOS 操作系统是一个多用户操作系统，每一个用户都有自己相对比较独立的存储文件夹，而用户之间可以互相查看对方的文件/文件夹。UOS 操作系统为了更好地维护用户的数据安全，提供了设置文件访问权限的功能。此外，由于系统文件对整个系统的正常、安全运行非常重要，所以也需要通过设置访问权限进行控制。

如图 3.12 所示，当前用户的权限通过文件夹图标下的标识表示。在 UOS 操作系统中，文件的基本访问权限包括读取、写入和读写这 3 种。拥有"读写"权限的用户可对文件进行读取和写入操作，拥有"只读"权限的用户只能读取文件，无法写入文件。此外，用户可以为文件设置群组（即用户组），同一群组的用户可以同时具备组权限。

图 3.12　文件的访问权限

在 UOS 操作系统中，访问权限可以根据访问者的不同做不同的设置，如图 3.13 所示。面向不同访问者的权限设置如下。

- **所有者：**针对文件所有者设置文件的访问权限。
- **群组：**对文件所属的群组设置访问权限。
- **其他：**为除文件所有者和群组之外的其他用户设置访问权限。

图 3.13　访问权限设置

3.2.6　文件的默认打开程序设置

文件的默认打开程序指通过双击打开某类文件（如音乐、视频、图片等）时操作系统所使用的程序。操作系统只能默认使用一种打开程序，但实际上操作系统中会同时存在多种可打开该类文件的程序。例如，在 UOS 操作系统中，图片类文件就可以通过看图、画板、相册等程序打开。要修改操作系统默认的文件打开程序，可通过控制中心或文件管理器实现。

1. 通过控制中心修改默认打开程序

在启动器或任务栏打开控制中心，单击"默认程序"选项，选择文件类型，例如选择"图片"类型，将其默认打开程序改为"画板"，如图 3.14 所示。这样就可以实现双击图片类文件时，系统自动调用画板打开该图片的功能。

2. 通过文件管理器修改默认打开程序

除了使用"控制中心"来修改默认打开程序外，用户还可以通过文件管理器修改指定文件的默认打开程序。如图 3.15 所示，选择目标文件，单击鼠标右键，在弹出的右键关联菜单中单击"打开方式"选项，用户可以从中选择文件打开程序。如果右键关联菜单中没有想要的文件打开程序，可单击"选择默认程序"选项，弹出"打开方式"对话框，如图 3.16 所示，用户可在该对话框中继续寻找需要的文件打开程序，并将其设置为默认打开程序。

图 3.14 在控制中心修改默认打开程序

图 3.15 选择文件打开程序

图 3.16 进一步选择默认打开程序

3.3 命令行界面下磁盘分区的相关命令

在 UOS 操作系统中，用户除了可以在图形用户界面进行磁盘分区，还可在命令行界面进行磁盘分区，其相关的命令主要包括 fdisk、mount 和 umount 等。fdisk 命令的基本功能和分区编辑器类似，主要实现对磁盘的分区、格式化等操作；mount 命令可以将指定分区挂载到文件系统的指定目录下；umount 命令则是将指定磁盘分区卸载。fdisk 命令的使用方式如图 3.17 所示，"sudo fdisk /dev/sda" 命令表示使用 root 权限对 "/dev/sda" 磁盘进行分区操作。

图 3.17 fdisk 命令的使用方式

图 3.17 中，使用 p 命令可以查看磁盘的分区状态，例如，最后两行显示了磁盘 sda 的 sda1 和 sda2 分区的容量大小、起止扇区等信息。用户也可以通过其他命令修改当前磁盘的分区，主要的操作命令如下。

- n 命令：新建分区。
- d 命令：删除分区。
- w 命令：把分区写进分区列表，保存并退出。

mount 命令的主要功能是挂载磁盘分区，其操作方式如下。

语法格式：mount［选项］ ［设备］ ［挂载点］。

例如，命令"mount -t ext3 /dev/sdb1 /mnt"表示将"/dev/sdb1"分区挂载到"/mnt"目录下。其中，"-t"用于指定分区上文件系统的类型。

umount 命令的主要功能是卸载已经挂载的设备或分区，其操作方式如下。

语法格式：umount［设备或挂载点］。

例如，"umount /mnt"表示卸载挂载到"/mnt"目录的设备；"umount /dev/sdb1"表示卸载已经挂载的"sdb1"分区。

3.4 UOS 操作系统下的文件类别

在 UOS 操作系统中，文件可以分为 5 种不同的类型：普通文件、目录文件、链接文件、设备文件和管道文件。

- 普通文件：通常指用户所接触到的文件，如文本文件、图形文件、声音文件等。
- 目录文件：在 UOS 操作系统中，目录本质上是一种特殊的文件，它是内核组织文件系统的基本节点。目录文件是用于存放文件名及其相关信息的文件。目录文件可以包含下一级文件目录或普通文件。
- 链接文件：指为文件在另一个位置建立的链接，类似于 Windows 系统中的快捷方式。链接文件可细分为硬链接（Hard Link）文件和符号链接（Symbolic Link）文件。
- 设备文件：指与系统 I/O 设备相关的特殊文件，用户可以通过它像访问普通文件一样访问外部设备。
- 管道文件：管道文件主要用于不同进程的信息传递。当两个进程需要进行数据或信息传递时，可以使用管道文件。

3.5 文件管理的常用命令

UOS 操作系统内置了一套完整的文件管理命令，当远程进行操作系统维护和管理时，用户可以选择使用命令行进行文件管理。使用命令行管理文件的主要方法如下。

语法格式：［命令］［参数 1］［参数 2］……

其中，命令和参数之间使用空格，如当前目录切换命令 cd（changedirectory）。

使用方法：cd 目标目录，即 cd /home/tom/。表示将当前目录切换至"/home/tom/"目录下。

常用的文件管理命令如表 3.3 所示。

表 3.3　常用的文件管理命令

命令	含义	使用示例
pwd	查看当前目录路径	pwd
ls	查看目录下的文件列表	ls ［目录］
cd	改变当前路径	cd ［目录］
cp	文件复制	cp ［源文件］［目标文件］
rm	删除文件或目录	rm ［文件］
mv	移动文件或目录	mv ［源文件］［目标文件］
mkdir	新建目录	mkdir ［目录］
rmdir	删除目录	rmdir ［目录］
chown	修改所属用户与组	chown ［文件 / 目录］
chmod	修改用户的权限	chmod ［文件 / 目录］

在 UOS 操作系统的命令行界面下，可以使用 ls 命令查看文件的基本属性，如图 3.18 所示。

从图 3.18 中选择如下几条文件信息来说明如何查看文件的基本属性。

```
lrwxrwxrwx  1 root root    13 12 月  7 16:40 rmt-> /usr/sbin/rmt
-rw-r--r--  1 root root  1988 12 月  7 16:40 rsyslog.conf
drwxr-xr-x  2 root root  4096 12 月  7 16:40 rsyslog.d
```

第一行信息中，文件 rmt 的首字符"l"表示 rmt 文件是一个链接文件，3 组 rwx 分别表示所有者、所有者组及其他组的读写权限，r 表示可读，w 表示可写，x 表示可执行，使用"->"表示其目标文件为"/usr/sbin/rmt"。第二行信息中，文件 rsyslog.conf 的首字符"-"表示该文件是普通文件。第三行信息中，文件 rsyslog.d 的首字符 d 表示该文件是一个目录文件，文件的所有者是 root，所有者组是 root 组。

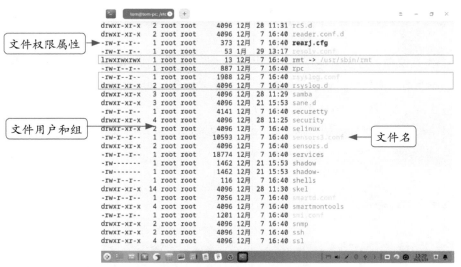

图 3.18　使用 ls 命令查看文件的基本属性

　　本章主要讲解了 UOS 操作系统文件管理的基础知识和相关操作，以及磁盘分区的基本知识和文件管理命令等内容。其中，文件管理器是操作系统的一个重要和基本工具，因此读者应当熟练掌握 UOS 操作系统文件管理器的各项操作。

思考与练习

- 简要说明文件和目录的含义
- 文件的基本访问权限包括哪几种
- 练习使用 UOS 操作系统的文件管理器进行文件管理的相关操作
- 练习使用文件管理命令

第4章

DDE 桌面环境与功能设置

本章导读

本章主要介绍 DDE 桌面环境的基本设置，主要包括账户设置，开发者模式设置，显示和个性化设置，桌面壁纸和屏保设置，鼠标、键盘和语言的设置等内容。此外，本章还将介绍 UOS 操作系统的辅助功能，包括智能助手、语音听写、语音朗读、文本翻译等功能，以及系统数据的备份和应急恢复等内容。熟练掌握这些功能的设置和使用，能够更好地增强用户的使用体验。

教学目标

- 了解 Linux 操作系统的常见桌面环境
- 熟练掌握 UOS 操作系统桌面环境下的主要功能设置
- 掌握系统辅助功能的应用
- 掌握 UOS 操作系统的数据备份和数据恢复方法

4.1 Linux 操作系统的常见桌面环境

各类 Linux 发行版操作系统的内核并不提供图形化用户界面，因此 Linux 发行版操作系统会集成图形用户界面环境方便用户使用，其与 Linux 操作系统的内核相互独立，共同组成一个功能比较完备的操作系统。UOS 操作系统的 DDE 桌面环境就是基于 Linux 开发的一款优秀的桌面环境。在介绍 DDE 桌面环境前，先简单介绍两种常见的 Linux 操作系统下的桌面环境。

4.1.1 GNOME 桌面环境

GNOME 桌面环境是 Linux 发行版操作系统最常用的图形界面环境之一。GNOME 桌面组件主要包含程序的启动面板、各种类型的状态面板、标准桌面管理器及一系列的桌面工具和系统工具。GNOME 桌面的界面简洁、运行速度快，还可以通过插件来扩展桌面的各项基本功能和桌面环境的个性化设置。此外，GNOME 桌面的会话管理器能保存桌面系统的各项设置，实现用户交互界面的个性化。

GNOME 桌面集成了一组功能强大的应用软件，例如文件管理器、网页浏览器、媒体播放软件、图像处理软件、办公处理软件等。图 4.1 是一个标准 GNOME 桌面，用户可以在标准桌面环境的基础上按照自己的使用习惯设置左侧程序、加载桌面图标、修改配色等。

图 4.1　GNOME 桌面环境

4.1.2　KDE 桌面环境

　　KDE 桌面环境也是一个应用非常广泛的图形用户界面。KDE 桌面支持多种语言,且易用性好。KDE 桌面套件包括核心 KDE 库、基本桌面环境、集成开发环境、数百个应用程序及其他工具（包括管理、艺术、开发、教育、多媒体等方面的应用程序或工具）。图 4.2 是 KDE 标准桌面环境,界面简洁大方,菜单组织形式符合 Windows 用户的使用习惯。

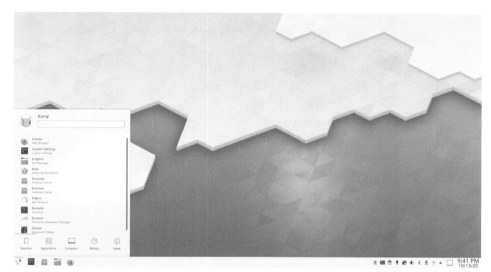

图 4.2　KDE 标准桌面环境

4.2　UOS 操作系统的 DDE 桌面环境

　　UOS 操作系统使用的是统信软件开发团队研发的 DDE 桌面环境。DDE 桌面环境以用户的需求为导向, 充分考虑到了用户的操作习惯, 提供了美观易用、极简操作的体验。UOS 操作系统的桌面环境主要由桌面、任务栏、启动器等组成。其部分功能及操作在第 3 章已详细讲解,本节主要讲解 DDE 桌面环境的个性化设置及相关功能。

4.2.1　控制中心

　　DDE 桌面环境中的控制中心已在第 2 章 2.2.1 节简单介绍过,其集成了桌面环境下的主要功能选项,能够实现大部分桌面系统的设置,满足用户对于操作系统的各种需求。用户可以在启动器中打开控制中心,也可以在任务栏中单击控制中心图标打开控制中心,其界面如图 4.3 所示。

控制中心介绍

图 4.3　控制中心的界面

4.2.2　账户设置

UOS 操作系统是一个多用户操作系统，通过账户控制可以实现多人共享一台计算机，每个用户都可以拥有各自的个性化设置（如桌面配色、壁纸、屏幕保护等）。此外，通过账户还可以设置用户的访问权限和用户能够对系统进行的更改操作等。也就是说，账户设置是操作系统进行权限设置和管理的基础。

在 UOS 操作系统安装过程中创建的账户不仅可用于初次登录操作系统，还可用于添加新账户，并对其进行个性化设置。下面将详细介绍添加新账户和进行账户设置的方法。

1. 添加新账户

如果希望多个用户共同登录和使用这台计算机，可以为其添加新账户，如图 4.4 所示。具体操作如下：

① 在控制中心单击"账户"选项，进入账户设置界面；

② 在账户设置界面下方单击添加按钮➕；

③ 为新账户设置账户信息（设置头像、设置用户名、设置密码）；

④ 单击"创建"按钮。

添加新账户后，用户即可在 UOS 操作系统中使用新账户登录当前计算机，并可在"/home"目录下设定专用的目录，拥有自己目录下的所有权限，可以正常保存和删除个人文件。

图 4.4 添加新账户

2. 账户设置

用户可以在控制中心的账户设置界面，进行修改密码、删除账户、自动登录、无密码登录等设置，如图 4.5 所示。

图 4.5 账户设置

下面详细解释账户设置中各个选项的基本含义和功能。

- 修改密码。用户可单击"修改密码"按钮修改账户密码。
- 删除账户。当用户不再需要某个账户的时候可以选择删除账户，在删除账户时需要确认该账户已经注销，因为用户无法删除当前登录的账户。
- 自动登录。为账户设置自动登录后，此账户即可在开机后自动登录 UOS 操作系统。单击选中要设置的账户后再单击"自动登录"后面的滑块，当滑块为蓝色时表示该功能已开启。
- 无密码登录。为账户设置无密码登录后，用户无须输入密码即可登录该账户。单击选中要设置的账户再单击"无密码登录"后面的滑块，当滑块为蓝色时表示该功能已开启。

用户可以根据自己的实际需求设置这些选项，但是为了用户的个人数据安全，不建议用户使用无密码登录。

4.2.3　开发者模式设置

为了提高系统的安全性，UOS 操作系统默认禁用了系统的"root"账户权限，即系统最高权限。如果用户需要使用"root"账户权限，可以通过"开发者模式"进行设置。启用"开发者模式"后，用户可以使用"root"账户权限执行命令，安装和运行未在应用商店上架的软件等，但同时也可能会破坏操作系统的完整性，且不再享有官方保修服务，所以请谨慎启用"开发者模式"。

进入控制中心后，在控制中心单击"通用"—"开发者模式"选项，进入 UOS 操作系统的开发者模式设置界面。

在开发者模式设置界面弹出的对话框中有"在线激活"和"离线激活"两种激活方式，如图4.6所示。如果选择"在线激活"方式，需要先登录 Union ID。用户在查看开发者模式免责声明、了解注意事项后，可以激活操作系统的开发者模式。待操作系统下发证书后即可进入开发者模式。若选择"离线激活"方式，需根据提示下载证书，待操作系统导入证书后，即可进入开发者模式。进入开发者模式后需要重新启动计算机，所有设置才能生效。注意：进入开发者模式后不可退出或撤销，操作系统所有账号都将拥有 root 权限。

> **拓展知识** UOS 操作系统内置的 root 账户是操作系统的最高级账户，它拥有操作系统的最高权限，因此一般不建议普通用户使用 root 权限，因为 root 权限的误操作可能会给操作系统带来无法挽回的破坏。

需要注意的是，在进行设置时，部分设置选项需要当前计算机的管理员用户授权。UOS 操作系统的默认管理员为此计算机的第一个注册用户，即安装操作系统时注册的用户。

图 4.6 开发者模式设置

4.2.4 显示和个性化设置

1. 显示设置

UOS 操作系统的显示设置主要包括分辨率、亮度、屏幕缩放、刷新率、触控屏的设置。打开控制中心，单击"显示"选项即可打开显示设置界面，如图 4.7 所示。

图 4.7 显示设置

控制中心的显示设置的主要内容及其含义如下。

- 分辨率：显示器的分辨率通常以"行像素数 × 列像素数"表示，分辨率越高显示效果越好。
- 亮度：调整屏幕的亮度。
- 屏幕缩放：设置显示器屏幕的缩放比例，以调整屏幕显示内容的大小比例。
- 刷新率：屏幕图像的刷新频率，通常以 Hz 为单位表示。
- 触控屏：调整触控屏的灵敏度。

2. 个性化设置

UOS 操作系统的个性化设置有 4 个选项，分别为通用、图标主题、光标主题和字体，如图 4.8 所示。其中，"通用"选项用于操作系统界面的个性化设置。

控制中心的个性化设置的主要内容及其含义如下。

- 通用 / 主题：设置界面的主体配色，有浅色、自动、深色这 3 种主题可选。
- 通用 / 活动用色：活动用色用于设置活动窗口的基本配色方案、窗口特效等内容。
- 图标主题：用户可以根据自己的喜好来设置图标主题，更改图标主题后，用户桌面、启动器和任务栏的图标都会发生变化。
- 光标主题：设置鼠标光标在不同状态下的样式。
- 字体：设置操作系统主题字体，具体可更改文字的字体、字号等内容。

图 4.8　个性化设置

4.2.5　桌面壁纸和屏保设置

桌面壁纸是指桌面的背景图，用户可以使用操作系统默认的壁纸，也可以重新设置自己喜欢的图片作为桌面壁纸。在桌面单击右键，在弹出的右键关联菜单中选择"壁纸与屏保"选项，即可打开壁纸屏保设置界面进行设置，如图 4.9 所示。

　　屏保是为保护显示器而设计的一种专门的程序。屏保一般都是动态的画面，是为防止当计算机无人操作时，显示器长时间显示固定画面带来的老化。UOS 操作系统的屏保设置如图 4.10 所示。

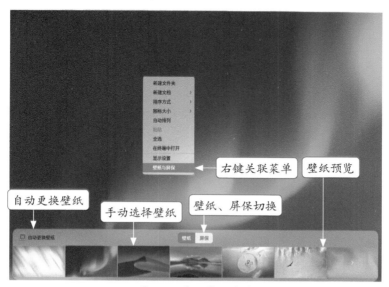

图 4.9　壁纸屏保设置

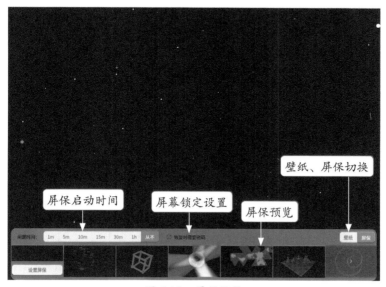

图 4.10　屏保设置

　　在设置屏保时，用户可选择"恢复时需要密码"设置将屏幕锁定，这样再次使用计算机时需要输入用户密码才可登录，可以保护用户信息安全。此外，用户也可以根据自己的需要设定屏保启动时间。

4.2.6 鼠标、键盘和语言设置

鼠标和键盘是计算机最常用的外部设备，通过设置可对其性能进行微调，使用户操作起来更加协调和符合个人的使用习惯。鼠标和键盘都可在控制中心进行设置。

1. 鼠标的设置

在控制中心单击"鼠标"选项，打开鼠标设置界面，有通用和鼠标两个选项，如图4.11所示。其中，"通用"选项的设置内容包括左手模式、滚动速度、双击速度、双击测试。其含义分别如下。

- 左手模式：将鼠标设置为左手模式，可方便习惯左手使用鼠标的用户。
- 滚动速度：调整鼠标滚轮翻页的速度。
- 双击速度：调整鼠标双击间隔时间。
- 双击测试：鼠标设置完成后可以通过"双击测试"检查确认当前的鼠标设置是否符合自己的使用习惯。

图4.11 鼠标设置

2. 键盘和语言的设置

在控制中心单击"键盘和语言"选项可打开该选项的设置界面，其设置包括通用、键盘布局、系统语言和快捷键，如图4.12所示。其中，"通用"选项中的设置内容主要包括键盘的重复延迟、重复速度、启用数字键盘、大写锁定提示。

图 4.12　键盘和语言设置

键盘和语言设置的主要内容的具体含义如下。

- 通用 / 重复延迟：按住一个键不动时，开始重复输入的时间。
- 通用 / 重复速度：长时间按住键盘时，重复输入的速度。
- 通用 / 大写锁定提示：键盘锁定大写时的提示。
- 键盘布局：根据当前的语言设置，选择合适的键盘布局。
- 系统语言：设置操作系统的语言类别。

此外，在键盘的快捷键设置中可以查看 UOS 操作系统的全部快捷键，同时用户也可以根据自己的使用习惯修改或自定义快捷键。

4.2.7　电源管理设置

在控制中心单击"电源管理"选项，可打开其设置界面，其设置包括通用和使用电源两个选项。其中，"通用"选项的主要设置内容包括性能模式、节能设置、唤醒设置。电源管理设置的主要作用是节电和环保，尤其对使用充电电源设备的笔记本计算机，可以通过电源设置来节省电量，延长使用时间，具体选项如图 4.13 所示。

电源管理的主要设置内容及含义如下。

- 性能模式：选择计算机在运行时使用平衡模式或节能模式，处于节能模式时计算机可能会降低运行速度。
- 节能设置：调整计算机显示器的亮度，以降低能耗。

● **唤醒设置**：设置待机恢复或唤醒显示器时是否需要输入账户密码。

图 4.13 电源管理设置（1）

如图 4.14 所示，电源管理设置中的"使用电源"选项内主要包括关闭显示器于某时、电脑进入待机模式、自动锁屏等设置选项。用户可以根据自身需求进行个性化设置。

图 4.14 电源管理设置（2）

4.2.8 时间和日期设置

在控制中心单击"时间日期"选项可打开其设置界面，如图 4.15 所示，用户可以在该界面修改系统时区、时间及时间显示的方式等内容。此外，UOS 操作系统具有自动同步时间功能，可以通过网络自动校时。

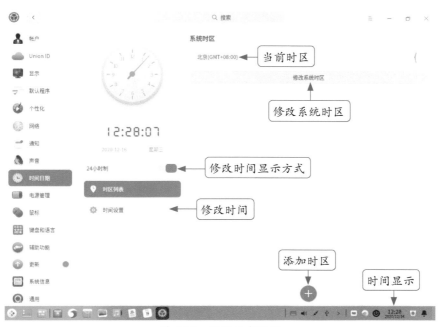

图 4.15　时间日期设置

4.3　系统辅助功能介绍

　　UOS 操作系统为用户提供了一组辅助功能，这组功能能够帮助用户更好地使用计算机，提升用户体验。UOS 操作系统的辅助功能包括桌面智能助手、语音听写、语音朗读、文本翻译。辅助功能的设置界面可在控制中心单击"辅助功能"选项打开，如图 4.16 所示，用户可以在该界面进行个性化设置。

4.3.1　桌面智能助手

　　桌面智能助手是操作系统预置的个人语音智能助手，支持通过语音和文字输入查找信息、执行操作指令等功能。用户可单击任务栏右侧的桌面智能助手图标，或使用快捷键【Win+Q】启用桌面智能助手功能，打开后的工作界面如图 4.17 所示。

　　当首次启动桌面智能助手时，用户需确定同意隐私协议，才可正常使用桌面智能助手及语音听写、语音朗读、文本翻译等功能。

图 4.16 辅助功能设置

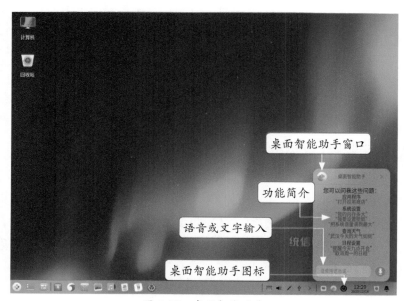

图 4.17 桌面智能助手

4.3.2 语音听写

语音听写功能是操作系统直接将用户的语音转换为文字的功能，该功能目前支持中文（普通话）和英文。启动方式：在启动器中打开文本编辑器，并在文本输入状态下使用快捷键【Ctrl+Alt+O】或在右键关联菜单中选择"语音听写"选项开启语音听写功能，如图 4.18 所示。

使用语音听写功能时，操作系统会自动打开语音采集指示窗口，用户可以直接按照提示录入语音，该功能会直接识别语音并自动输入识别到的文字。

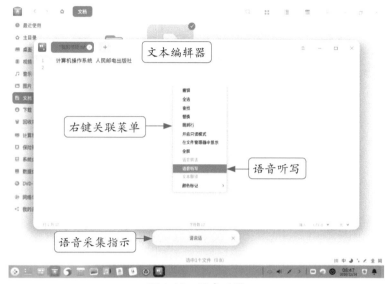

图 4.18　语音听写

4.3.3　语音朗读

语音朗读功能可以直接将所选文本转换为语音输出。目前该功能支持中文（普通话）和英文，支持选择男声和女声等。启用方法：在启动器中打开文本编辑器，在文本编辑器中选中需要朗读的文本，使用快捷键【Ctrl+Alt+P】或在右键关联菜单中选择"语音朗读"，即可朗读选中的文本，如图 4.19 所示。

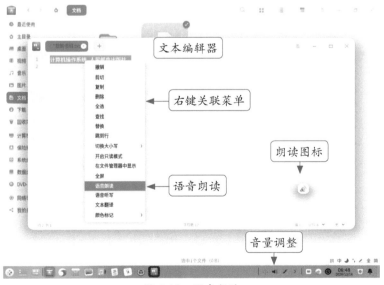

图 4.19　语音朗读

4.3.4　文本翻译

通过文本翻译功能可以将大段文本内容直接翻译成目标语言。目前该功能支持英译中和中译英。启用方法：在启动器中打开文本编辑器，选中需要翻译的文本，使用快捷键【Ctrl+Alt+U】或在右键关联菜单中选择"文本翻译"，即可翻译所选内容，翻译结果会以浮动窗口的形式显示，如图 4.20 所示。

图 4.20　文本翻译

4.3.5　通知中心设置

通知中心是一个隐藏在桌面任务栏右侧的实时消息窗口，主要功能是将操作系统和应用软件的通知和信息及时转发到桌面，通知用户了解当前的系统状态和信息。通知中心图标位于任务栏右侧，当有通知时，桌面右侧会弹出通知消息。用户也可单击任务栏右侧的通知中心图标，打开通知中心窗口查看所有通知。通知中心的具体功能如图 4.21 所示。

用户也可以对通知中心进行自定义设置，允许或者禁止某些程序或应用软件发出通知，这样可以使用户界面更加精简，提高工作效率。在控制中心单击"通知"选项，即可打开通知中心设置界面，如图 4.22 所示。

建议用户打开设备管理器、系统通知、日志收集工具等应用的通知功能，以便及时接收操作系统的重要通知。对于部分不常用应用软件，可以关闭其通知功能。

图 4.21　通知中心

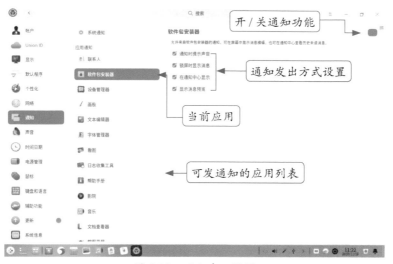

图 4.22　通知中心设置

4.4　系统数据的备份和应急恢复

在计算机长时间运行的过程中，经常会出现添加、删除各类软硬件的情况，这种修改系统软硬件设置的情况可能会引起操作系统的兼容性出现异常，所以在操作系统维护过程中，在大规模更改系统设置前，通常需要进行系统数据备份。此外，长期保存在磁盘中的重要个人数据也会存在丢失的风险，为了保障用户个人数据的安全，需要定期对系统数据进行安全备份。

UOS 操作系统提供了 3 种备份 / 还原系统数据的方式，具体如下。

- 操作系统全盘安装中的恢复出厂设置。
- 操作系统更新过程中的备份和还原。
- 操作系统运行过程中的日常备份和还原。

本节将详细介绍如何对系统和重要数据进行备份和还原。此外，本节还将介绍如何制作 UOS 操作系统的应急启动盘。

4.4.1 备份系统数据

用户可以通过控制中心中"系统信息"下的"备份 / 还原"选项进行系统数据备份或还原。

备份系统数据

系统数据备份功能和还原功能在同一个界面，如图 4.23 所示，单击"备份"选项后，用户需要先选择备份模式和保存路径。为了使备份更加稳妥，建议不要选择当前安装操作系统的磁盘，尽量使用新的磁盘来备份数据。

图 4.23　备份系统数据

用户在备份或还原系统数据之前需要输入用户名和密码进行账户认证，这也是保障用户数据安全的一个重要措施，如图 4.24 所示。

完成认证后，必须重新启动计算机，计算机重新启动后，操作系统会自动进入数据备份界面，如图 4.25 所示。当数据完全备份后，操作系统会再次进入 DDE 桌面环境。这样就完成了系统数据的备份工作。

图 4.24　系统数据备份 / 还原前的认证

图 4.25　系统数据备份界面

4.4.2　还原系统数据

在某些特殊情况下，例如操作系统的某些模块无法正常运行，或者用户希望将操作系统恢复到之前备份的状态时，用户可以使用系统数据还原功能，将之前备份的系统数据还原。需要注意的是，操作系统还原到之前备份的状态之后，当前至之前备份时的系统数据都会被覆盖。如果备份时选择的是"全盘备份"，那么系统还原后用户的个人数据也会被还原至备份时的状态。因此使用数据还原前需要做好个人数据的备份工作。

还原系统数据

在控制中心单击"系统信息"—"备份 / 还原"选项，然后在备份 / 还原界面中单击"还原"按钮，可以看到有恢复出厂设置和自定义恢复两种还原方式，如图 4.26 所示。

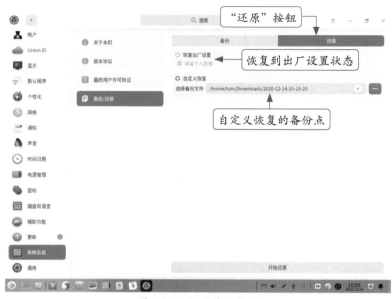

图 4.26　还原系统数据

两种还原方式的含义如下。

● **恢复出厂设置**：所有个人数据均被覆盖，操作系统还原到最初安装完成时的状态。

● **自定义恢复**：操作系统恢复到用户备份时的状态，例如图 4.26 中的设置可以将操作系统还原到 2020 年 12 月 14 日备份时的状态。

用户选择还原方式之后，单击界面下方的"开始还原"按钮，系统会自动进行数据还原，其间可能要重新启动计算机。需要注意的是，系统还原的过程可能会造成用户个人数据或者用户安装的应用程序的丢失，所以需要谨慎选择还原，并提前备份个人重要数据。

4.4.3　制作系统启动盘

系统启动盘是指安装 UOS 操作系统或其他 Linux 操作系统的安装引导盘，在第 2 章中介绍了使用深度启动盘制作工具来制作 UOS 操作系统的启动盘。用户在日常使用中也应当保留一个当前系统的启动盘，以备计算机恢复时应急使用。本节将介绍使用 UOS 操作系统内置的启动盘制作工具制作启动盘的方法。

打开启动器，搜索"启动盘制作工具"，就可以搜索到该工具。打开启动盘制作工具，如图 4.27 所示。

建议使用容量大于 8GB 的 U 盘制作启动盘，并下载最新的 UOS 操作系统 ISO 文件。启动盘制作工具会选择并检测 ISO 文件的完整性。启动盘制作中建议选择格式化 U 盘，这样能够提高制作成功率，如图 4.28 所示。

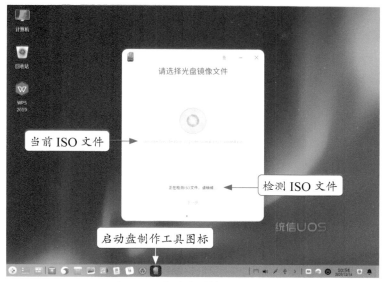

图 4.27　启动盘制作工具（1）

图 4.28　启动盘制作工具（2）

　　制作完成后用户可以妥善保存启动盘，便于在操作系统应急恢复时使用。此外，操作系统内置的启动盘制作工具的兼容性较好，用户可以用它制作其他 Linux 发行版操作系统的启动盘。

4.4.4　在线更新 UOS 操作系统及应用软件

　　为了确保 UOS 操作系统的安全性和稳定性，UOS 操作系统会定期进行安全维护，发布操作系统的更新文件和补丁文件。在控制中心单击"更新"选项，即可打开操作系统更新界面，用户可在该界面检查更新和进行更新设置，如图 4.29 所示。单击"更新设置"选项，可以设置检查更新、清除软件包缓存、更新提醒（设置后，操作系统会将更新提醒消息发送到通知中心）和下载更新等功能。通常建议用户将自动设置选项全部打开，这样 UOS 操作系统就会自动定期检测更新。

图 4.29　UOS 操作系统的更新设置

单击"检查更新"选项，界面中会列出待更新的系统补丁和应用软件，如图 4.30 所示。单击"安装更新"按钮，系统便会自动安装更新。

图 4.30　UOS 操作系统的检查更新

通常情况下，建议用户选择更新升级到最新的 UOS 操作系统和应用软件版本，这样能够更新软件的功能，并有效避免许多漏洞，维护系统的安全性和可用性。

UOS 操作系统也可以通过命令行的形式进行系统更新，更新命令是 apt。例如用户可以在"终端"窗口使用"sudo apt update"命令和"sudo apt upgrade"命令进行系统的更新检测和补丁程序安装。apt 命令的具体使用在后面的章节会详细叙述。

4.5　打印机的设置和管理

UOS 操作系统对硬件的添加、维护和管理相对比较简单。由于打印机的种类较多，安装和使用过程中需要手动进行设置，因此下面简要讲解 UOS 操作系统中打印机的安装和使用方法。

UOS 操作系统的打印管理器是其内置的打印机管理工具，可同时管理多个打印机，其界面可视化，操作简单，方便用户快速添加打印机及安装驱动。

打印机安装。在启动器中搜索"打印管理器"并将其打开，在打印管理器界面中单击"添加"按钮，在弹出的对话框中可选择自动查找、手动查找或 URI 查找方式添加打印机，如图 4.31 所示。如果单击"自动查找"选项，会自动加载出打印机列表，单击需要添加的打印机即可安装。

打印机安装

图 4.31　打印机安装

用户也可以通过 URI 查找方式添加网络共享打印机。单击"URI 查找"选项，在 URI 输入框中输入打印机类型后，系统会加载出驱动程序列表，通常情况下可以使用默认的推荐打印机驱动，如图 4.31 所示。如果需要手动选择，可以在驱动选择框中选择"手动选择驱动方案"，跳转到手动选择打印机驱动界面，如图 4.32 所示。

在手动选择打印机驱动界面中，有 3 种驱动来源可选择：本地驱动、本地 PPD（PostScript Printer Description）文件和搜索打印机驱动。

- 本地驱动：可选择厂商、型号和驱动。
- 本地 PPD 文件：将本地 PPD 文件拖放进来，或在本地文件夹查找本地 PPD 文件添加驱动。使用此选项的前提是用户在本地安装了驱动，才可以使用本地 PPD 文件添加，否则系统会提示驱动安装失败。
- 搜索打印机驱动：输入准确的厂商和型号，操作系统会在后台驱动库中搜索并显示该驱动。

> **拓展知识** PPD 是 PostScript 打印机描述文件，是一个文本文件，它包含了打印机的特征和性能描述信息：打印机支持的纸张大小、可打印区域、纸盒的数目和名称、可选特性（如附加的纸盒或双面打印单元、字体、分辨率等）。打印机驱动程序通过解析 PPD 文件来使用这台打印机，并根据这些信息来确立用户界面。

图 4.32　选择打印机驱动

选择好打印机驱动后，单击"安装驱动"按钮，进入安装界面。如果安装成功则弹出窗口提示，否则需要重新选择驱动程序再次进行安装。

若成功安装了打印机，可在打印管理器界面中管理和维护当前打印机，如图 4.33 所示，用户可以查看当前打印机的属性、打印队列，打印测试页及进行故障排查。单击"属性"按钮，打开打印属性对话框，用户可以设置打印属性，查看打印机驱动、URI、位置、描述、颜色等基本信息。

图 4.33　打印机管理

本 章 小 结

本章主要详细介绍了 UOS 操作系统 DDE 桌面环境的基本设置和智能辅助工具的应用，以及系统数据的备份和恢复方法、UOS 操作系统与应用软件的更新、打印机的设置和管理等内容。这些内容对用户学习计算机的应用非常重要。

思考与练习

- 掌握在 UOS 操作系统中添加新账户和进行账户设置的方法
- 练习使用控制中心，设置一个自己的桌面环境
- 系统的恢复出厂设置和自定义恢复有什么区别

第5章

网络基础知识与网络设置

本章导读

　　本章主要介绍计算机网络的基础知识和 UOS 操作系统的网络设置两部分内容。计算机网络基础知识部分主要内容包括计算机网络的发展历史、计算机网络的分类和计算网络的基本功能，其中重点讲解了 TCP/IP 的相关概念。理解和掌握这些基础知识是进行计算机网络管理和维护的基础。网络设置部分主要详细讲解了 UOS 操作系统下的网络相关设置操作方法，并简要介绍了网络设置的常用命令。

教学目标

- 了解计算机网络的发展历史和基本功能
- 掌握 IPv4 的基本原理和域名的概念
- 熟练掌握 UOS 操作系统的网络设置方法
- 了解 VPN 和个人热点的概念
- 掌握常用网络设置命令的用法

5.1 计算机网络的基础知识

计算机网络的两个核心组成要素是具备独立功能的计算机系统和网络通信设备。计算机网络的主要功能是通过网络通信设备在计算机系统之间快速传递信息和数据，实现资源共享。

5.1.1 计算机网络的发展

在计算机的早期发展阶段，计算机都是以单机的形式实现自己的运算功能的。随着计算机技术和网络通信设备的发展，20 世纪 60 年代中期开始出现了"终端—主机"形式的远程计算机通信系统。这里的"终端"是指一台计算机的外部设备，主要包括显示器和键盘，即基本输入和输出系统。"终端"并没有 CPU 和内存，终端通过通信设备连接到一台功能完备的主机上，经网络设备传输数据到主机后，主机进行数据处理，最后将运算结果再通过通信设备返回终端。这样能够实现多用户的协同工作，大幅提高计算机主机的运行效率。我们也通常把这种"终端—主机"网络形式称为第一代计算机网络。

第二代计算机网络从 20 世纪 70 年代前后开始兴起。不同于第一代计算机网络的"终端—主机"形式，第二代计算机网络使多个主机通过通信线路互联，为用户提供服务。主机之间不是直接用线路相连，而是通过一个通信子网连接到一起。通过通信子网互联的主机负责运行程序，提供资源共享，组成资源子网。其典型代表是美国国防部高级研究计划局组织开发的 ARPANET。

第三代计算机网络具有统一和标准化的网络体系结构。第二代计算机网络兴起后，各大计算机公司相继推出自己的网络体系结构及实现这些网络功能的软硬件产品。但是由于各大公司之间没有一个统一的标准，所以各个公司的网络相对独立，无法互相连接。在这种背景下，国际标准化组织联合众多计算机网络厂商和研究机构，制定了两种国际通用的最重要的体系结构：TCP/IP 体系结构和 OSI 体系结构。这样计算机网络的发展就进入了统一和标准化的网络体系时代。

第四代计算机网络是面向全球互联的高速计算机网络，其主要特征是综合化、高速化、智能化和全球化。目前以因特网（Internet）为代表。

5.1.2 计算机网络的基本功能

计算机网络主要的功能是通过网络通信设备实现计算机系统之间的数据通信、资源共享和分布式处理等。

数据通信是计算机网络的最主要的功能之一。数据通信是依照一定的通信协议，利用数据传输技术在两个终端之间传递数据信息的一种通信方式和通信业务。它可实现计算机和计算机、计算机和终端，以及终端和终端之间的数据信息传递。

资源共享指利用计算机网络实现计算机资源的共享。计算机资源包括硬件资源、软件资源和数据资源。硬件资源的共享可以提高设备的利用率，例如我们经常使用的网络存储、网络投屏、共享网络打印机等；软件资源和数据资源的共享可以充分利用已有的信息资源，例如大数据处理、开放性的大型数据资源中心等。

此外，通过计算机网络还可以实现分布式计算、动态规划主机的负载均衡等功能。总之，计算机网络可以大大扩展计算机系统的应用范围，提高工作效率，为用户提供更加方便和快捷的服务。

5.1.3 计算机网络的分类

计算机网络的分类标准有很多种，其中最常见的分类标准是按照计算机网络的覆盖范围，将计算机网络分为局域网、城域网和广域网。不过在此要说明的一点就是这里的网络划分并没有地理范围的严格界限和区分，只是一个概括性的描述。下面简要介绍这几种计算机网络。

局域网（Local Area Network，LAN）是指在局部地区范围内的计算机网络，它所覆盖的范围较小。局域网对连接的计算机数量没有太多的限制，少的可以只有两台，多的可达几百台。网络的覆盖范围一般来说可以是几米至 10km 以内。我们日常所指的局域网一般位于一个建筑物或一个固定区域内。局域网的特点就是连接范围窄，用户数相对较少，设置容易，连接速率高。

城域网（Metropolitan Area Network，MAN）是一种覆盖范围大于局域网的计算机网络，其覆盖范围一般在 10km 到 100km，通常可以覆盖整座城市。城域网与局域网相比覆盖范围更大，连接的计算机数量更多。通常一个城域网是由很多局域网互相连接组成的。

广域网（Wide Area Network，WAN），广域网的覆盖范围比城域网更大，它一般由不同城市之间的局域网或城域网互相连接组成，覆盖范围可在几百千米到几千千米。由于广域网能够容纳更多计算机设备的接入，所以广域网一般使用更加复杂的网络通信设备和网络协议进行数据传输和交换，结构也更加复杂。

5.2 TCP/IP 和 IP 地址

TCP/IP（Transmission Control Protocol /Internet Protocol），即传输控制协议 / 网络协议，是互联网中最基本的通信协议。TCP/IP 对互联网通信的标准和方法进行了规定。此外，TCP/IP 并不是两个独立的协议，而是一个协议族，其中主要包含 Telnet、FTP、SMTP、UDP、ICMP 等多个协议，这些协议共同规范了整个互联网的数据传输标准。其中 IP 是整个互联网的核心内容。

IP 是为计算机网络相互连接进行通信而设计的协议。通常情况下，计算机系统只要遵守 IP 规范就可以接入互联网。也正是因为有了 IP，互联网才得以迅速发展成为世界上最大的开放计算机通信网络。

IP 中还有一个非常重要的内容，那就是给连接互联网的每台计算机和设备都规定了一个唯一的地址，叫作"IP 地址"。这种唯一的地址保证了用户在联网的计算机上操作时，能够高效且方便地从大量联网的计算机中选出自己所需的对象。IP 的发展经历了 IPv4 和 IPv6 两个阶段，本章主要介绍 IPv4 的基础知识。

5.2.1　IPv4 的地址分类

互联网中首先使用的 IP 地址是 IPv4。IPv4 使用一个 32 位的二进制数来表示一台主机的地址，因此，IPv4 能够表示的最大的数字是 4 294 967 296，即使用 IPv4 能够表示的最大主机数量是 4 294 967 296。由于互联网的蓬勃发展，联网的计算机数量急剧增长，IP 地址的需求量越来越大，地址不足必将妨碍互联网的进一步发展，所以后来出现了 IPv6 地址形式。IPv6 采用 128 位的地址长度，能够表示足够多的联网主机。

IPv4 形式的 IP 地址是一个 32 位的二进制数，通常被分割为 4 个"8 位二进制数"（也就是切分成 4 字节）。IP 地址通常用"点分十进制"表示成"a.b.c.d"形式。其中，a、b、c、d 都是 0~255 之间的十进制整数。例如，十进制表示的 IP 地址"202.112.88.6"，实际上可以看作一个被分成四组的二进制数，每组数字 8 位，分别用"."分隔开，即"11001010.01110000.01011000.00000110"。

在实际使用中，通常依据 IP 地址的数据标识将其地址分为 A、B、C、D 四类：A 类 IP 地址的范围是 1.0.0.0 到 127.255.255.255；B 类 IP 地址的范围是 128.0.0.0 到 191.255.255.255；C 类 IP 地址的范围是 192.0.0.0 到 223.255.255.255；D 类 IP 地址的范围是 224.0.0.0 到 239.255.255.255。在应用中还有一些特殊的 IP 地址，例如：IP 地址 0.0.0.0 表示当前主机本身；IP 地址 255.255.255.255 表示子网的广播地址；IP 地址 127.0.0.1 可以代表本机 IP 地址。

5.2.2　域名和域名解析

IP 地址是标识一台计算机连入互联网的唯一标识，由于使用 IPv4 或 IPv6 表示的 IP 地址十分冗长，不便记忆，所以用域名的形式来标识网络终端，并通过域名和 IP 地址的相互对应关系来简化访问网络的形式。域名和 IP 地址的对应信息存放在一个叫域名服务器（Domain Name Server，DNS）的分布式主机内，用户只需使用域名即可访问相应的网站，而互联网会自动通过域名服务器进行由域名到 IP 地址的转换。

计算机的域名空间采用"域"和"子域"的层次结构进行分级管理。整个域名首先被分为若干顶级域，每个顶级域又被划分为若干子域并以此类推。例如，域名 www.ptpress.com.cn，首先其顶级域名为 cn，表示其属于中国；二级域名为 com，表示其所属的机构为一家商业机构；三级域名 ptpress 表示具体机构名称。用户在任意一台联网的计算机的浏览器中输入该域名后，系统会自动通过 DNS 服务器查找对应的 IP 地址，之后再通过 IP 地址进行数据通信。

5.2.3 子网、子网掩码和网关

互联网是由不同网络相互连接组成的复杂网络。由于计算机所处的子网不同，因此在将各个子网连接到一起时，需要区分具体这个计算机位于哪个子网，这时就需要使用子网掩码和 IP 地址配合，来表示计算机具体存在于哪一个子网。

子网掩码由一系列的 1 和 0 构成，通过将其同 IP 地址做"与"运算，可标识出这个 IP 地址的具体子网是什么。通常情况下 A 类地址的子网掩码是 255.0.0.0；B 类地址的子网掩码是 255.255.0.0；C 类地址的子网掩码是 255.255.255.0。

网关又称网络间的连接器，是一种存在于子网出口的，用于实现子网数据转换的计算机系统或设备。网关的关键作用就是实现两个子网之间的通信连接。例如，有 A、B 两个独立的子网，如果 A 中的主机需要连接 B 中的主机，那么 A 中的主机就需要首先把数据包转发给 A 的网关，再由 A 的网关转发给 B 的网关，B 的网关再将其转发给 B 中的某个主机。

所以在进行计算机网络配置时，需要设置计算机的 IP 地址、子网掩码、网关、DNS 等数据，TCP/IP 才能实现不同网络之间的通信。

5.3 UOS 操作系统的网络设置

在为计算机连接网络和进行网络设置时，需要综合考虑网络硬件和软件两方面内容。硬件方面需要首先保证计算机安装了网络适配器，软件方面需要通过控制中心设置计算机的基本 IP 地址、域名解析服务等。UOS 操作系统支持硬件的即插即用，同时软件方面的设置界面也简洁明了。本节将详细讲解 UOS 操作系统中网络的设置方法。

5.3.1 网络适配器

网络适配器一般也称为网卡，是用于计算机网络通信的硬件。网卡早期主要通过计算机总线外部插卡的形式连接到计算机系统，目前一般是将网络芯片集成在主板上。网络适配器的基本功能是在主机通过电缆或无线网相互连接后，负责实现数据的连网传输和处理。其中每一个网络适配器都有一个被称为 MAC 地址的串号。

网卡主要分为有线网卡和无线网卡。其中有线网卡主要通过光纤或双绞线实现网络连接。无线网卡用于连接无线网络。无线网络是利用无线电波作为信息传输的媒介构成的无线局域网（WLAN）。目前 Wi-Fi 使用的无线电波主要是 2.4GHz 频率和 5GHz 频率的频段。

5.3.2 有线网络的基本设置

在 UOS 操作系统中，用户可以通过桌面控制中心的可视化界面设置网络，在连接网络时，硬件方面需要先将计算机的有线网络适配器与上一级的通信设备连接，即使用网线将计算机网络适配器连接到相对应的网络路由器设备。然后，在控制中心单击"网络"—"有线网络"—"有线网卡"，用户可以手动开启有线网络连接功能，并进行相关设置，如图 5.1 所示。

有线网络设置

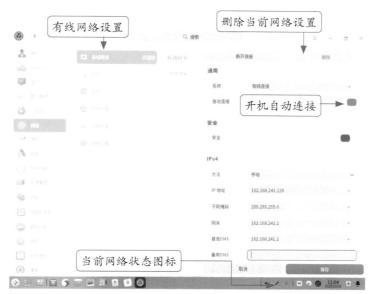

图 5.1　有线网络基本设置

在网络设置中，IP 地址通常有两种设置方式，一种是手动设置 IP 地址，另一种是自动获取 IP 地址。手动设置 IP 地址是一种静态 IP 地址的分配方式，自动获取 IP 地址也称为 DHCP 分配形式。

> **拓展知识**　静态 IP（Static IP）地址是子网分配给一台计算机长期使用的 IP 地址。一般来说，静态 IP 地址是连网时由网络管理人员明确划分的一个固定的 IP 地址。动态主机配置协议（Dynamic Host Configuration Protocol，DHCP）是一个局域网的网络协议，指的是由服务器控制一段 IP 地址范围，客户机登录服务器时就可自动获得服务器分配的 IP 地址和子网掩码。DHCP 的主要作用是集中管理、分配 IP 地址，使网络环境中的主机动态获得 IP 地址、网关地址、DNS 服务器地址等信息，并能提升地址的使用率。

5.3.3 无线网络的基本设置

当系统安装无线网络适配器之后，UOS 操作系统能够自动识别并使用无线网络连接。无线网络的属性设置可以在控制中心内的"无线网络"选项进行。通过控制中心启用无线网络连接功能后，计算机会自动搜索并显示附近可用的无线网络服务集标识符（SSID），用户可以选择无线网络接入点，如图 5.2 所示。

无线网络设置

图 5.2 无线网络基本设置

> **拓展知识** SSID（Service Set Identifier）的功能是将一个无线局域网划分为几个不同的子网，每一个子网都需要独立的身份验证。因此，用户只有通过身份验证才可以进入相应的子网，这样可以防止未授权用户进入该网络。有些无线网络可以隐藏 SSID 名称，用户可以选择连接到隐藏网络，手动输入 SSID 及相应的用户名和密码登录。

5.3.4 虚拟专用网络（VPN）

VPN（Virtual Private Network）是一种虚拟专用网络，主要功能是在公用网络上建立专用网络进行加密通信。VPN 的主要应用场景是一些重点考虑网络信息安全的环境。因为考虑安全因素，某些内部网络不能够直接连接到外部互联网，这种情况下，连接外部互联网的主机如果需要使用该内部网络的信息资源，使用普通的网络连接方法是无法直接连接到内部网络的。

对于这个问题，VPN 的基本解决方法就是在内部网络中架设一台 VPN 服务器，连接外部互联网的主机可以连接 VPN 服务器，然后通过 VPN 服务器进入内部网络。VPN 服务器就相当于一个中转站点，可以在内部网络和外部网络之间起到连接和屏蔽的作用，能够更好地维护内部网络的数据安全。VPN 服务器和客户机之间的通信数据都进行了加密处理，这样就可以认为数据在一条专用的数据链路上进行安全传输，因此 VPN 被称为虚拟专用网络，其实质上就是利用加密技术在互联网中封装出一个数据通信隧道。

UOS 操作系统支持用户连接使用 VPN。在控制中心的"网络"选项中单击"VPN"，可以进入 VPN 设置界面，单击 VPN 设置界面下方的添加按钮，在弹出的界面中选择 VPN 的类型，打开"自动连接"选项，并分别输入名称、网关、用户名、密码等信息，如图 5.3 所示。

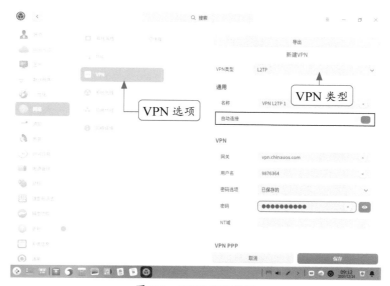

图 5.3   VPN 网络设置

UOS 操作系统支持的 VPN 类型包括 L2TP、PPTP、OpenVPN 等多种，基本涵盖了常用的 VPN 类型。因此用户再接入 VPN 时需要核对当前 VPN 的各种信息。VPN 接入点网关的设置需要从 VPN 站点获取相关的 VPN 类型、网关地址、用户名、密码等各类信息，这样才能保证正确接入 VPN。

5.3.5　系统代理设置

代理服务器（Proxy Server）也称系统代理，是个人终端与 Internet 服务商之间的中间代理机构，负责转发合法的网络信息，并对转发进行控制和登记。代理服务器在实际应用中发挥着极其重要的作用，它最基本的功能是进行代理连接，此外还包括安全保障、缓存、内容过滤、访问控制管理等功能。

使用浏览器直接访问其他 Internet 站点时，通常浏览器需要发出请求信号来得到应答，然后对方再把信息传送过来。而代理服务器是介于浏览器和 Web 服务器之间的一台服务器，使用代理服务器后，浏览器首先向代理服务器发出请求，请求信号会先送到代理服务器，由代理服务器来取回浏览器所需要的信息并传送给浏览器。代理服务器不仅可以实现提高浏览速度和效率的功能，还可以实现网络的安全过滤、流量控制、用户管理等功能。

常用的代理服务器又可以分为 HTTP 代理、HTTPS 代理、FTP 代理和 Socks 代理。每一种代理服务器针对不同的网络协议实现代理功能，即如果客户端需要使用 HTTP 协议的代理服务器来浏览网页，那么就可指定 HTTP 代理实现代理功能。

如图 5.4 所示，在 UOS 操作系统中，既可以选择手动设置系统代理，也可以选择自动设置。选择自动设置后，应用程序在使用不同协议进行连接时会自动选择对应的代理站点进行连接。此外，为了提高网络利用效率，用户在连接本地局域网时可以取消系统代理服务。

图 5.4　系统代理设置

5.3.6　个人热点设置

个人热点（Hotspot）是指由个人设备临时提供的一种无线局域网（Wi-Fi）接入服务。随着智能终端、移动互联网业务的快速发展，越来越多的人使用 4G/5G 移动网络，人们可以通过自己的小型移动设备临时组建一个无线局域网。热点相当于一个连接有线网和无线网的桥梁，其主要作用是将各个无线网络客户端连接到一起，然后将无线网络接入 Internet。

个人热点的一个重要的功能就是"中继"，所谓中继就是在两个无线接入点间把无线信号放大一次，使客户端可以接收到更强的无线信号；另一个重要的功能是"桥接"，桥接就是进行点到点、点到多点连接，实现无线网络的扩展，最终实现 Wi-Fi 与移动网络的通信。

UOS 操作系统支持个人热点服务，可以在控制中心的"网络"选项中单击"个人热点"进行设置，组建一个临时的个人局域网络。具体设置方式如图 5.5 所示。

图 5.5　个人热点设置

5.3.7　PPPoE 设置

PPPoE（Point-to-Point Protocol over Ethernet）是一个网络上的点对点协议，经常用于同轴电缆调制解调器（Cable Modem）和数字用户线路（DSL）等通过以太网协议向用户提供接入服务的协议体系。在日常应用中，家庭的宽带连接通常使用光纤调制解调器（俗称光猫），通过 PPPoE 拨号连接到对应的网络服务供应商的接入点。

UOS 操作系统支持用户通过计算机的 PPPoE 直接拨号连入互联网，具体设置方法如图 5.6 所示。

此外，需要注意的是，用户使用 PPPoE 接入互联网的具体设置参数，需要由网络服务供应商提供，用户不能自行修改和定义。

5.3.8　网络连接状态查询

网络连接设置完成后，用户可以通过控制中心的"网络详情"选项查看当前网络的基本连接状态。如图 5.7 所示，"网络详情"主要显示当前的网络设置，例如当前主机的网络地址、网关、DNS 及网卡的 MAC 信息等。

网络连接
状态查询

图 5.6　PPPoE 接入设置

图 5.7　网络连接状态查询

UOS 操作系统控制中心的"网络"选项中，基本涵盖了网络设置的所有设置选项，用户可以在此设置、查询网络状态。此外，用户也可以在 UOS 操作系统的命令行界面通过相关命令进行网络的设置和调试。

5.4 网络设置的常用命令

网络设置的基本命令包括 ifconfig、ping、nslookup、tracert 等。熟练掌握常用的网络设置命令对 UOS 操作系统的网络管理和维护非常重要。下面简要介绍这些常用命令。

ifconfig 命令可设置网络设备的状态，或显示当前的网络设置状态。例如，使用 ifconfig 命令设置网卡 IP 地址的语法：ifconfig eth0 192.168.0.1 netmask 255.255.255.0。

其中，eth0 表示当前网络适配器的设备编码，192.168.0.1 表示设置的 IP 地址，255.255.255.0 表示子网掩码。如果不添加参数，ifconfig 命令就会查询当前的网络设置状态，如图 5.8 所示。

图 5.8 ifconfig 命令

ping 命令用于测试网络的连接状态。ping 命令向指定主机发送 ICMP（Internet Control Message Protocol，互联网控制报文协议）请求，测试该主机是否可达，以及了解其有关状态。ping 命令可以根据返回的信息，推断 TCP/IP 参数是否设置正确、运行是否正常、网络是否通畅等信息。

需要注意的是，ping 命令成功执行并不一定就代表 TCP/IP 参数设置正确，有可能还要执行大量的本地主机与远程主机的数据包交换，才能确定 TCP/IP 参数设置正确。如果成功执行 ping 命令但网络仍无法使用，那么问题很可能出在网络系统的软件配置方面，ping 命令的成功执行只保证当前主机与远程主机间存在一条连通的物理路径。

图 5.9 所示的 ping 命令分别连接 www.ptpress.com.cn 和 202.112.80.7 两个站点。第一条 ping 命令共发送 5 个数据包，收到 5 个数据包，丢包率为 0，因此当前主机和站点之间能够正常连接。第二条 ping 命令发送到 202.112.80.7 站点 8 个数据包，收到 0 个数据包，丢包率

100%，因此可以判定当前主机和站点之间无法连接。

nslookup 是查询域名信息的常用命令。用户可以输入域名，通过 nslookup 命令连接到系统设定的 DNS 服务器，并查询域名对应的 IP 地址，具体使用示例如图 5.10 所示。

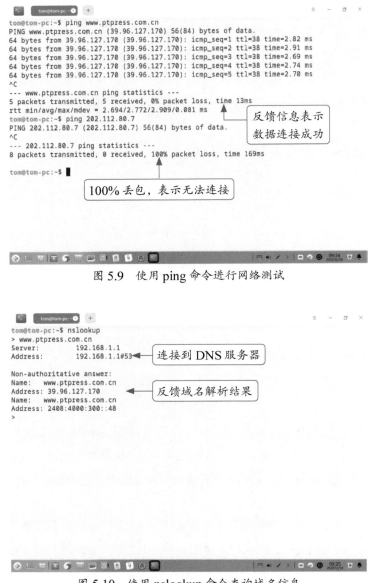

图 5.9　使用 ping 命令进行网络测试

图 5.10　使用 nslookup 命令查询域名信息

如图 5.10 所示，输入 nslookup 命令后，系统会自动连接 DNS 服务器，等待用户输入域名后开始查询。当前 DNS 服务器使用的是 192.168.1.1，并反馈查询到的该域名的对应 IP 地址。nslookup 命令的主要功能包括查询 DNS 服务器的记录，查询域名解析是否正常，在网络故障时用来诊断网络问题等。

本 章 小 结

　　熟练掌握网络的连接和设置操作是操作系统维护和管理的重要内容。本章在简要介绍网络的基本功能、TCP/IP 基本原理的基础上，详细讲解了 UOS 操作系统的网络连接和设置操作，也简要介绍了几个常用网络设置命令。建议读者在熟练掌握 UOS 操作系统网络设置的基础上，了解一些计算机网络的基本知识，从理论和实践两个方面学习操作系统的网络管理。

思考与练习

- 简单描述计算机网络的发展历史
- 简要说明 WAN 和 LAN 的区别
- 简要说明 IPv4 地址和域名的区别和联系
- 简要说明静态 IP 地址和动态 IP 地址的区别
- 练习设置 UOS 操作系统的无线网络
- 在 UOS "终端" 界面中练习使用 ifconfig 命令设置本机 IP 地址

第6章

网络应用与网络共享设置

本章导读

UOS 操作系统集成了当前主流的网络应用软件和工具，其中包括 UOS 浏览器、邮箱等。本章首先简要介绍了 HTTP 的基础知识，并在此基础上详细介绍了 UOS 浏览器的使用和设置；结合邮箱，介绍了 SMTP、POP3 和 IMAP 的基础知识及电子邮件收发的基本操作。此外，本章详细介绍了 UOS 操作系统中的本地文件共享，UOS 操作系统间的文件共享，以及 UOS 操作系统与 Windows 操作系统间的文件共享。

教学目标

- 了解 HTTP 的基本功能
- 熟练掌握 UOS 浏览器的基本应用
- 熟练掌握邮箱的设置和收发邮件的基本操作
- 了解 SMTP、POP3 和 IMAP 的基本功能
- 熟练掌握 UOS 操作系统的文件共享设置方法

6.1 浏览器与 HTTP

TCP/IP 是一个大的网络协议族，其中最常使用的是超文本传输协议（Hypertext Transfer Protocol，HTTP），HTTP 的主要功能是在 Web 网络服务器中，使用超级链接的形式获取网页数据和信息。

HTTP 是一种工作于客户端与服务器端的架构上的超媒体的信息系统。通常用户计算机的 Web 浏览器通过 HTTP 向服务器端发送服务请求，服务器接收到请求后，向客户端发送响应信息，从而实现了客户端和服务器端的信息交流。

HTTP 在数据的通信连接上限制每次连接只处理一个请求，不是永久性连接，服务器处理完客户的请求，并收到客户的应答后，即断开连接。采用这种方式可以节省传输时间。因此，HTTP 更加简单快速，其服务器的程序规模小，数据通信占用带宽少，网络响应速度快。

HTTP 使用统一资源定位符 URL（Uniform Resource Locator）来标识 WWW 网络中的数据资源的具体位置，并通过 URL 来建立连接和传输数据。以 http://www.ptpress.com:80/news/index.html 为例，URL 包括的基本信息如下。

- 协议标识：该 URL 的协议部分为"http:"，这代表网页使用的是 HTTP。在 Internet 中可以使用多种协议，如 HTTP、FTP 等，本例中使用的是 HTTP，在 HTTP 标识后面的"//"为分隔符。
- 域名部分：该 URL 的域名部分为"www.ptpress.com"。在一个 URL 中，也可以使用 IP 地址作为域名。
- 网络端口：跟在域名后面的是端口，域名和端口之间使用"："作为分隔符。端口不是一个 URL 必需的部分，如果省略端口部分，将采用默认的 80 端口。
- 虚拟目录部分：从域名后的第一个"/"开始到最后一个"/"为止，是虚拟目录部分。虚拟目录也不是一个 URL 必需的部分。本例中的虚拟目录是"/news/"。
- 文件名部分：虚拟目录之后是文件名部分，本例中的文件名是"index.html"。文件名部分也不是一个 URL 必需的部分，如果省略该部分，则使用默认的文件名。

此外，URL 的组成中通常还包括文件的参数、文件内锚定位等其他几个非必需部分。总之，URL 是进行 WWW 页面浏览时浏览器超级链接进行资源定位和数据获取的最基本的一个数据标识。

6.2 UOS 浏览器的设置和应用

UOS 浏览器是操作系统预装的一款高效稳定的网页浏览器，有着简单的交互界面，其主要特点如下。

- 多标签浏览管理：UOS 浏览器可以使用多标签浏览的方式，以新标签的方式打开网站页面。

- 统一下载管理：UOS 浏览器可以将网页中下载的文件、图片保存到计算机或其他设备中，下载的文件将保存在默认的目录中，并统一管理。
- 定制功能丰富：UOS 浏览器包含许多可设置功能，如打开新的标签页、打开新的窗口页、历史记录、管理收藏夹等。

6.2.1 功能介绍

UOS 浏览器的图标默认锁定在桌面的任务栏上，用户可以单击任务栏上的浏览器图标打开浏览器。此外，也可以在启动器中查找浏览器，将其打开。浏览器的主界面如图 6.1 所示，主要包括地址栏、搜索框、标签栏等部分。

地址栏的主要功能是负责提交浏览网页的 URL 信息。浏览器通过识别地址栏中的信息，连接用户要访问的内容。地址栏的前方附带了常用的快捷按钮，包括前进、后退、刷新和返回主页。

在浏览器的地址栏输入地址，按【Enter】键，浏览器就会自动链接到该地址，并显示网页。用户也可以直接在搜索框输入关键字进行信息检索，查找并打开网页。此外 UOS 浏览器还预置了部分常用的网页链接，方便用户上网浏览相关网页。

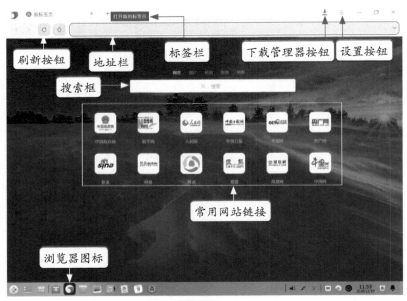

图 6.1　浏览器的主界面

6.2.2 常规设置

在浏览器主界面的右上方单击设置按钮，可以打开浏览器的设置界面。UOS 浏览器的常规设置包括自动填充、显示、搜索引擎、启动时等，如图 6.2 所示。这些设置的基本功能含义如下。

- 自动填充：用户在浏览网站时输入的数据会自动保存，用户再次访问该网站时，浏览器会自动填充之前输入的数据。

- 显示：显示"主页"按钮和收藏栏，选择"总是显示收藏栏"后，会在浏览器显示用户的收藏夹，单击能够快速进入收藏的网站。

- 搜索引擎：设置地址栏中使用的搜索引擎，当用户在地址栏输入非 URL 地址时，浏览器会自动连接搜索引擎，并将用户输入的地址作为关键字进行检索。

- 启动时：浏览器启动时会自动加载此处设置的站点。

图 6.2　浏览器的常规设置

6.2.3　隐私和安全设置

为了保障用户的信息安全，浏览器中还有对应的安全设置，便于用户进行自定义设置，更好地维护个人数据安全。在浏览器的设置界面单击"隐私和安全"选项就可以进行隐私和安全设置，如图 6.3 所示。在"隐私和安全"选项中主要包括如下功能。

- 通过 Cookie 设置，用户可以防止地址跟踪、Cookie 跟踪等行为。

- 通过图片设置中的"不显示任何图片"设置，可以提高浏览器的运行速度。

- 此外，通过 JavaScript、自动下载项、位置、麦克风、摄像头等的设置，可以进一步保护用户的个人数据和本地主机的信息安全，例如保护麦克风、摄像头等硬件设备不被网站随便启用。

图 6.3　浏览器的隐私和安全设置

6.2.4　下载管理器的应用

UOS浏览器支持以HTTP形式下载各种数据，例如音频、视频、各类办公文档、软件安装包等。通过下载管理器可集中管理数据的下载和软件包的安装等。在下载数据时，浏览器会自动弹出图 6.4 所示的"新建下载任务"窗口，用户可以自定义下载文件的文件名、指定下载文件的存储目录等。

在用户设置好下载文件的文件名和存储目录后，单击"下载"按钮可关闭"新建下载任务"窗口，下载任务在后台继续运行。此时，浏览器界面右上方的下载管理器按钮会显示下载的进度，如果用户需要查看详细下载状态，可单击下载管理器按钮，打开下载管理器的窗口，如图6.5所示。

在下载管理器的窗口中，除了查看下载状态，还可以进行暂停下载、取消下载、打开已下载文件、清空下载文件等操作。对于 DEB 类型的软件安装包，可以直接打开运行，系统会自动调用安装管理器完成软件安装。图 6.5 内的 firefox_83.0-1_amd64.deb 就是一个下载完成后可以直接打开安装的 DEB 安装包。

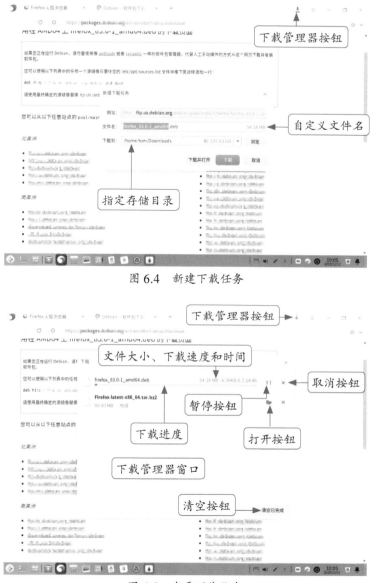

图 6.4　新建下载任务

图 6.5　查看下载状态

6.3　邮箱的应用和设置

　　UOS 操作系统集成的邮箱是一个多功能的电子邮件收发、管理及新闻管理客户端软件，用户可在该客户端登录任意的第三方邮箱，如 163 邮箱、QQ 邮箱等，并实现多电子邮件账号的邮件统一管理功能。本节将先简要介绍常用的电子邮件协议 SMTP、POP3 和 IMAP，然后详细介绍邮箱的使用方法。

6.3.1 电子邮件协议简介

TCP/IP 中的 SMTP（Simple Mail Transfer Protocol）是一个常用的电子邮件传输协议。SMTP 帮助每台计算机在发送或中转信件时找到下一个目的地，主要用于 Internet 系统之间的邮件信息传递，并提供有关来信的通知。

POP3（Post Office Protocol 3）的主要功能是将个人计算机连接到 Internet 的邮件服务器并接收电子邮件，允许用户把邮件从服务器存储到本地主机上，同时在邮件服务器上删除该邮件。

IMAP（Internet Mail Access Protocol）是一个交互式邮件存取协议，是和 POP3 类似的邮件访问标准协议之一。与 POP3 不同，通过 IMAP 将电子邮件保存到本地主机后，不会在邮件服务器端删除该邮件，且邮件客户端上的操作都会反馈到邮件服务器上，如删除邮件、标记已读等，邮件服务器上的邮件也会执行同样的操作。所以无论从浏览器登录邮箱，还是从客户端登录邮箱，看到的邮件及状态都是一致的。

6.3.2 邮箱的应用

用户可在启动器搜索并打开邮箱。第一次打开邮箱时需要设置电子邮件账户信息，包括用户姓名、电子邮件地址和密码等基本信息。由于每个邮件系统的 SMTP 和 POP3 等协议的基本配置不同，所以具体邮件服务器设置信息需要由电子邮件服务器管理人员提供。邮箱的账户设置界面如图 6.6 所示。

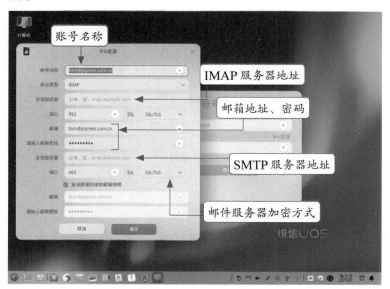

图 6.6 邮箱的账户设置

设置了邮箱账户后，在邮箱主页单击"新建消息"按钮，弹出邮件撰写界面。如图 6.7 所示，在此界面既可填写收件人邮箱地址，输入邮件主题和邮件内容，又可利用提供的格式设置功能自由设置文本样式和字体大小、粗细、颜色等属性，还可插入链接、图片、表格等元素。通过左下角的附件和图片添加按钮还可添加附件和图片。此外，撰写的邮件在发送前可以保存为草稿。

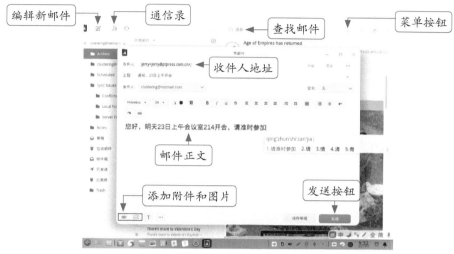

图 6.7　撰写邮件

6.3.3　邮箱的设置

邮箱的用户界面友好，可定制功能丰富，其主要设置内容包括账号设置、基本设置、反垃圾设置和高级设置。单击图 6.7 所示的菜单按钮，在下拉菜单中选择"设置"选项，即可打开设置界面进行个性化设置，优化使用体验，保护个人数据和信息安全。如图 6.8 所示，与安全相关的设置内容主要有反垃圾设置和高级设置中的数据与安全。

图 6.8　邮箱的设置

与安全相关的具体设置及其含义如下。

- 黑名单：加入黑名单的电子邮件地址发送的邮件将会被拒收。
- 白名单：白名单列表里的电子邮件地址发过来的邮件全部接收，用户可以添加、导出及导入白名单。
- 数据与安全：开启安全锁并设置密码后，当鼠标和键盘超过 15 分钟未操作，邮箱将自动锁定，唤醒时需要输入开启密码。

6.4　局域网文件共享与管理

UOS 操作系统可以通过 SMB 协议实现局域网内的文件和数据的共享服务。SMB（Server Messages Block）又称信息服务块，是一种在局域网中共享文件的协议。通过 SMB 协议，UOS 操作系统能够在局域网内实现本地文件的共享、UOS 操作系统间的文件共享，以及 UOS 操作系统和 Windows 操作系统间的文件共享。

6.4.1　本地文件共享

在启动器中打开文件管理器，选中需要共享的文件 / 文件夹，单击鼠标右键打开右键关联菜单，选择"属性"选项，并在弹出的属性界面单击"共享管理"，勾选"共享此文件夹"选项，用户可以修改文件 / 文件夹的共享名、权限和匿名访问，这样就可以完成本地文件共享，如图 6.9 所示。

本地文件共享

图 6.9　在文件管理器内共享文件 / 文件夹

若要取消共享，只需对已经设置共享的文件／文件夹，取消勾选"共享此文件夹"选项即可，如图 6.9 所示。如果不希望提供匿名访问，可以在匿名访问处选择 "不允许"，这样可以提高局域网内文件共享的安全性。

6.4.2 UOS 操作系统间的文件共享

在启动器中打开文件管理器，在搜索框中输入共享文件所在的主机 IP 地址，例如输入 "smb://192.168.1.29"，然后按【Enter】键，文件管理器会自动连接 IP 地址为 "192.168.1.29" 的主机，如果连接成功，则弹出图 6.10 所示的窗口，用户需要在该窗口中输入用户名和密码进行连接。

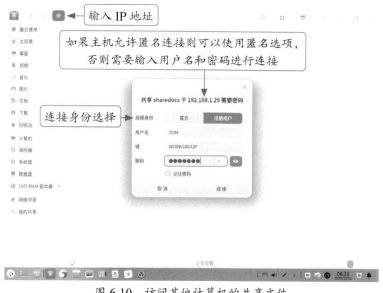

图 6.10　访问其他计算机的共享文件

用户名和密码输入完成后单击"连接"按钮就会自动连接到主机，文件管理器会自动将共享文件映射成一个文件夹。用户的操作可以完全在文件管理器内实现，基本功能和本地文件共享管理类似。共享文件的读取、写入和删除操作需要受到共享主机的权限设置管理。

6.4.3 在 Windows 操作系统中访问 UOS 共享文件

在同一个局域网内的 Windows 操作系统主机，能够访问 UOS 操作系统共享的文件／文件夹，具体操作是在 Windows 操作系统下使用快捷键【Win + R】，调出"运行"窗口，输入 UOS 操作系统的文件共享主机 IP。例如输入 IP 地址 "\\192.168.1.29\"，并按【Enter】键，如图 6.11 所示。Windows 操作系统会自动通过 SMB 协议连接 IP 地址为 "192.168.1.29" 的主机。

图 6.11 Windows 连接 UOS 操作系统

如果连接成功，Windows 操作系统会提示用户输入 UOS 操作系统的共享用户名和密码，正确输入后，文件资源管理器会在"网络"中显示 UOS 操作系统共享的文件 / 文件夹，用户即可以访问该文件 / 文件夹，如图 6.12 所示。

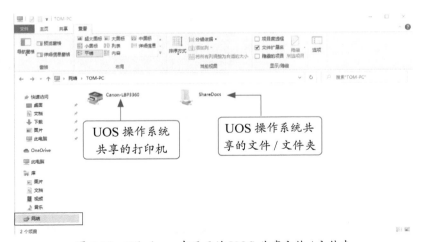

图 6.12 Windows 中显示的 UOS 共享文件 / 文件夹

6.4.4 在 UOS 操作系统中访问 Windows 共享文件

在 UOS 操作系统中也同样能够访问同一局域网内 Windows 操作系统使用 SMB 协议共享的文件。为了在 UOS 操作系统中实现这个功能，首先需要在 Windows 操作系统打开 SMB 服务，如图 6.13 所示，在控制面板单击"启用或关闭 Windows 功能"，勾选"SMB 1.0/CIFS 文件共享支持"选项，并单击"确定"按钮。Windows 系统会自动打开 SMB 服务。

开启 SMB 服务

打开 Windows 操作系统的 SMB 服务后，可以按照 Windows 操作系统的操作规范设置共享文件，设置完成后，就可以在 UOS 操作系统中浏览该共享文件了。

图 6.13　在 Windows 操作系统中开启 SMB 服务

在 UOS 操作系统中打开文件管理器（快捷键【Crtl+L】），在搜索框中输入 Windows 主机的 IP 地址"smb://192.168.1.7"，并输入 Windows 操作系统的用户名和密码，就可以查看 Windows 操作系统的共享文件。

本 章 小 结

浏览器和电子邮件客户端是互联网中的两个重要的应用软件，其中浏览是基于 HTTP 的一种网络服务，其基本特点是在客户端和主机之间使用动态和超文本的交互模式进行信息的传输和浏览。电子邮件是基于 SMTP、POP3 等协议的一种信息交互形式。本章重点介绍了 UOS 浏览器的设置和应用，以及邮箱的应用和设置。最后，还详细介绍了局域网内的文件共享操作。

思考与练习

- 简单介绍 HTTP、SMTP、POP3、IMAP 及其基本应用
- 练习使用 UOS 浏览器，并进行个性化设置
- 练习使用邮箱，并给自己发一封电子邮件
- 练习通过本地局域网实现 Windows 操作系统和 UOS 操作系统之间的文件共享

第 **7** 章

应用商店与系统维护工具

本章导读

应用软件是为满足用户在不同场景下的特定需求而设计的软件，在操作系统中运行，并由操作系统管理、维护和调度。

本章将重点介绍使用应用商店安装和管理应用软件的方法。另外，本章还会介绍管理进程、设备、系统运行日志的工具和相关命令。

教学目标

- 熟练掌握 UOS 操作系统应用商店的使用方法
- 熟练掌握应用软件的更新和卸载方法
- 学习使用 apt 命令安装和管理应用软件包
- 了解操作系统进程的概念
- 熟练掌握系统监视器和设备管理器的使用方法

7.1　应用软件的安装与管理

在 UOS 操作系统中，提供了应用商店来方便用户安装和更新应用软件。此外，与 Windows 操作系统的应用软件管理方式类似，UOS 操作系统的应用软件还可以 DEB 软件包的形式进行分发、安装和管理维护。DEB 软件包内包含了已编译的二进制文件和该软件需要的其他资源文件，以及软件的安装脚本和元数据（包括各种数据的依赖项，以及安装和运行它们所需的文件列表）。

7.1.1　使用应用商店安装应用软件

统信软件有限公司通过测试、分析和验证，在大量的应用软件中选择了一批高质量的优秀应用软件，将它们与 UOS 操作系统进行适配，然后通过应用商店形式提供给用户下载和使用。这种形式既能保证应用软件的可靠性和稳定性，也节省了用户选择、安装和维护应用软件的时间。用户在启动器中可找到并打开应用商店，其界面如图 7.1 所示。应用商店的基本功能如下。

应用商店介绍

- 应用软件分类：应用商店根据应用软件的类型，在左侧列表中将常用应用软件分为网络应用、社交沟通、音乐欣赏、视频播放、图形图像、游戏娱乐、办公学习等多个类别，便于用户浏览和选择。
- 应用软件推荐：通过应用软件下载排行、热门推荐、最新上架等多种形式，推荐常用的、优秀的应用软件。
- 应用软件搜索：通过搜索工具，用户可以使用关键字查找需要的应用软件。
- 应用软件安装：一键下载，并自动安装应用软件。
- 应用软件更新：对通过应用商店安装的应用软件进行在线更新。
- 应用软件卸载：卸载和删除不需要的应用软件。

UOS 操作系统的应用商店不仅界面友好，操作便捷，其安装维护应用软件的功能还非常强大。以安装 WPS Office 2019 为例，用户可以通过多种途径查找 WPS Office 2019，如通过首页的热门推荐找到，搜索关键字"WPS"，或从"办公学习"类别中查找。找到 WPS Office 2019 后单击，进入图 7.2 所示的界面。

如图 7.2 所示，用户可以查看应用软件的基本信息、预览界面、用户评论等。单击"安装"按钮后，应用商店会自动连接软件源，自动下载和安装该应用软件。整个过程不需要用户进行其他操作。

图 7.1　UOS 操作系统的应用商店

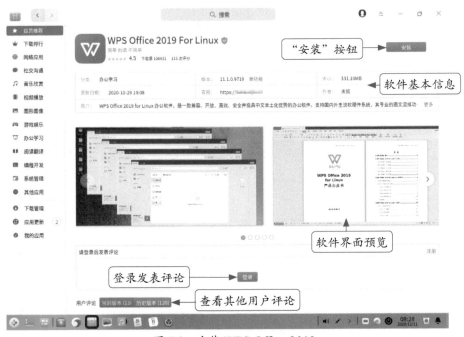

图 7.2　安装 WPS Office 2019

7.1.2　更新应用软件

通过应用商店还能更新当前 UOS 操作系统中安装的应用软件。在应用商店左侧的列表中单击"应用更新"选项，会切换至图 7.3 所示的界面。UOS 操作系统会自动检查当前计算机安装的应用软件是否有更新，如果有待更新的应用软件，会提示用户更新。为了获取软件的最新功能，通常推荐用户将软件更新至最新版本。

用户可通过"待更新"列表中的"新功能"栏目了解应用软件更新的新功能等信息，自己选择是否更新，如果希望更新可以单击"更新"按钮或"全部更新"按钮更新当前"待更新"列表中的应用软件，如图 7.3 所示。用户可以通过单击"最近更新"查看应用软件的更新记录。

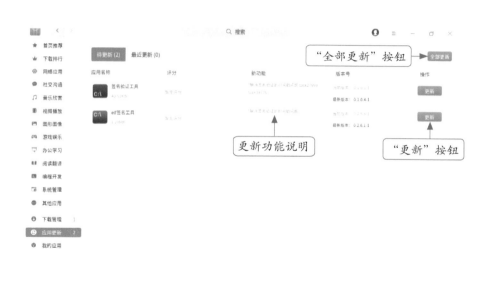

图 7.3　应用软件更新

7.1.3　卸载应用软件

用户可以通过"我的应用"查看已安装应用软件列表，列表会显示应用软件的基本信息，如应用软件的评分、大小、版本号、安装日期等。用户可以单击"卸载"按钮卸载应用软件，如图 7.4 所示。通过应用商店卸载应用软件的过程和安装过程一样，卸载过程中不需要用户进行其他操作，UOS 操作系统会自动执行卸载脚本、删除应用软件的所有相关文件的命令。

图 7.4　应用软件卸载

7.1.4　软件包安装器

应用商店内的应用软件在安全性、兼容性方面都有保障，通常推荐使用应用商店维护和管理应用软件。但是，用户有时也会用到应用商店内没有收录的小众软件。为了解决这个需求，UOS 操作系统还提供了一个软件包安装器，方便用户手动安装自己下载的 DEB 软件包。用户可以在启动器搜索和打开软件包安装器。

如图 7.5 所示，使用软件包安装器安装软件的操作过程如下。

① 打开软件包安装器窗口。

② 通过文件管理器查找已下载的 DEB 软件包。

③ 将已下载的 DEB 软件包从文件管理器窗口拖曳至软件包安装器窗口，软件包安装器就开始自动安装该 DEB 软件包。安装完成后，软件包安装器会自动在桌面启动器添加相关软件的启动图标。

图 7.5　软件包安装器

7.1.5　软件包管理的相关命令

除了应用商店和软件包安装器这种图形化界面的软件管理工具，UOS 操作系统还内置了命令行界面下的软件安装包管理工具 apt。apt 提供了查找、安装、更新、删除某个或某组软件包的命令，命令简洁，操作简单。使用 apt 工具需要打开开发者模式，使用 root 权限，因此为了便于读者记忆，在表 7.1 中列出了 apt 的常用命令和基本功能，并统一添加了 sudo。

表 7.1　apt 的常用命令和基本功能

apt 命令形式	基本功能
［sudo］apt update	列出所有可更新的软件清单
［sudo］apt upgrade	更新软件
［sudo］apt list –upgradeable	列出可更新的软件及其版本信息
［sudo］apt full-upgrade	更新软件包，且在更新前先删除需要更新的软件包
［sudo］apt install <package_name>	安装指定的软件
［sudo］apt update <package_name>	更新指定的软件
［sudo］apt remove <package_name>	删除软件包

apt 命令形式	基本功能
[sudo] apt search \<keyword>	查找软件包
[sudo] apt list --all-versions	列出所有已安装软件的版本信息

（注意：sudo 表示以 root 权限运行命令，例如 :sudo apt 表示以 root 权限运行 apt 命令）

7.2　进程管理

包括 UOS 操作系统在内的大部分现代操作系统都是多任务的操作系统，即操作系统可以同时运行很多程序。因此，操作系统非常重要的一个功能就是负责管理和调度这些同时在运行的程序。

进程（Process）是操作系统的一个基本概念，通常认为进程是操作系统进行资源分配和调度的基本单位。这样的一个定义可能比较难以理解，简单地讲，我们可以把进程看作正在运行的程序。当一个程序未被启动，那么它仅仅是存储在磁盘上的数据，只有当它进入 CPU 开始运行时才能获得计算机的资源分配，这时才能称它为进程。当程序启动和运行后，操作系统就会给这个程序分配资源，这些资源包括存储空间和 CPU 的运行时间等。日常使用中我们有时也会将进程称为任务。

7.2.1　多任务视图

多个程序在同时运行的过程中，会存在优先级上的差别。对于普通终端用户，运行中的程序主要可以区分为前台运行的程序和后台运行的程序。前台运行一般指运行的程序在桌面任务栏上可见；后台运行是指程序在系统后台静默执行，在桌面的任务栏不可见。在后台运行的程序可以通过任务管理器查看。

对于多个在前台运行的程序，可以通过以下几种方法进行切换。

- 在任务栏切换：任务栏以图标形式显示当前正在运行的程序，单击图标就可以快速切换该程序。
- 使用快捷键切换：按快捷键【Alt + Tab】可以快速切换程序。
- 使用多任务视图切换：多任务视图是将当前正在运行的程序以缩略图的形式呈现，单击缩略图可切换该程序。

在任务栏单击图标切换程序是最基本的任务管理方式。使用快捷键切换正在运行的程序，效果如图 7.6 所示，按快捷键后会显示当前正在运行的程序的图标，单击图标即可切换该程序。

图 7.6　切换运行程序

使用多任务视图切换和管理当前正在运行程序的具体操作如图 7.7 所示。

多任务视图模式下首先可以查看当前运行程序的缩略图，并快速执行切换程序、关闭程序等操作。此外，还可以使用多任务视图管理桌面，即当前用户可以切换使用多个桌面，每一个桌面的图标和任务环境相互独立，如图 7.7 上方的当前桌面和第二桌面缩略图。

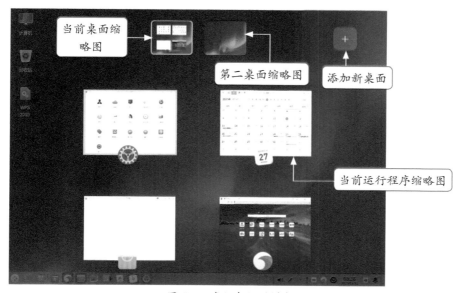

图 7.7　多任务视图模式

7.2.2　系统监视器

无论是系统管理员还是普通用户，监视系统进程的运行情况并适时终止一些失控的进程，是非常必要的。与 Windows 操作系统类似，UOS 操作系统也提供了系统监视器来维护操作系统的所有进程。如图 7.8 所示，系统监视器的主要功能如下。

- 查看和管理进程。
- 查看和管理系统服务。
- 查看硬件使用状态。

系统监视器介绍

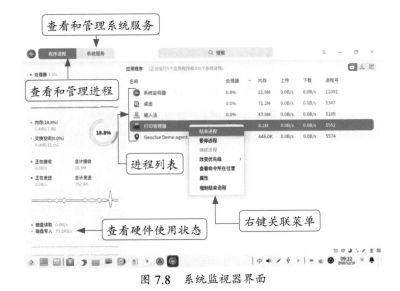

图 7.8 系统监视器界面

1. 查看和管理进程

在系统监视器界面选择"程序进程"标签，然后单击界面右上方的显示系统所有进程按钮，可以查看操作系统的所有进程，列表内显示了每一个应用软件的资源占用情况，例如占用的处理器资源、内存资源等，如图 7.9 所示。通过右键关联菜单，可实现结束进程、暂停进程、继续进程、改变优先级、查看命令所在位置、强制结束进程等操作。

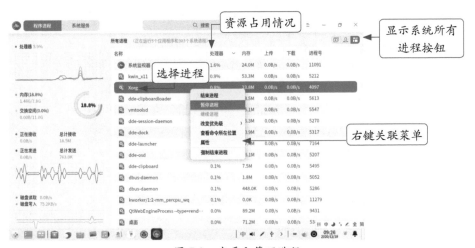

图 7.9 查看和管理进程

2. 查看和管理系统服务

在系统监视器界面选择"系统服务"标签，系统监视器会切换显示系统服务列表，如图 7.10 所示。系统服务是指操作系统执行指定系统功能的程序，以便支持其他程序，尤其是与硬件相关的程序。系统服务一般在后台运行，并且一般不会出现程序窗口或对话框。此外系统服务和普通应用软件的根本区别是系统服务可以在无用户登录和用户已经注销的情况下运行，而应用软件在用户未登录操作系统时无法运行，运行着的应用软件在用户注销后会被操作系统强行终止。

在系统服务列表中单击右键，如图 7.10 所示，用户可以在右键关联菜单中对系统服务进行如下管理操作。

- 启动、停止：选中系统进程，可通过右键关联菜单启动或停止该服务。
- 重新启动：重新启动该系统服务。
- 设置启动方式：将系统服务设置为自动启动或手动启动。
- 刷新：刷新系统服务列表。

图 7.10　查看和管理系统服务

3. 查看硬件使用状态

系统监视器除了可以查看和管理系统进程和系统服务，还可以实时监控计算机当前的硬件使用状态，有"舒展"和"紧凑"两种视图，如图 7.11 所示。

系统监视器监控的内容主要包括处理器、存储器、文件传输、磁盘读写等，并将它们的实时运行状态进行图形化描述。

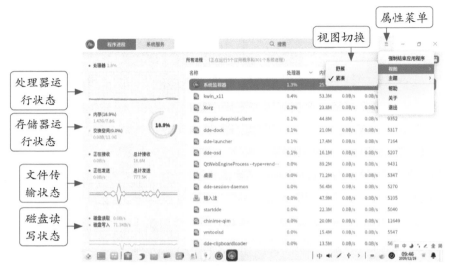

图 7.11　查看硬件使用状态

7.3　设备管理器

UOS 操作系统的设备管理器是查看和管理硬件设备的工具，可用于查看当前计算机系统主要硬件设备的基本参数和配置信息等。

设备管理器可在启动器找到并打开。由于涉及计算机的硬件设备管理，所以在启动设备管理器之前需要输入用户名和密码进行授权，授权窗口如图 7.12 所示。

设备管理器介绍

图 7.12　设备管理器授权

　　授权完成后，设备管理器启动，其界面如图 7.13 所示。设备管理器的左侧是设备列表，右侧显示设备对应的详细信息。

图 7.13　设备管理器界面

　　单击设备管理器左侧设备列表中的"网络适配器"选项，可以查看网络适配器的详细信息，如网络适配器的名称、制造商、类型、版本、总线信息、功能等信息，如图 7.14 所示。

图 7.14　设备管理器中网络适配器的详细信息

　　设备管理器的"其他设备"选项中还包括其他的输入设备，如光笔、手写板、数位板和游戏杆等设备。需要注意的是，设备管理器如果未检测到列表中的设备，则会显示为未发现该设备。

7.4 日志收集工具

UOS 操作系统内集成的日志收集工具负责收集程序运行时所产生的日志。该工具主要收集了操作系统和应用程序在启动、运行等过程中的相关信息，可以帮助用户分析详细日志信息，快速找到故障原因并解决问题。日志收集工具可在启动器中找到并打开，其界面如图 7.15 所示。

图 7.15　日志收集工具界面

日志收集工具主要收集了以下日志信息。

- **系统日志：**操作系统进程运行记录，含进程 ID、运行时间等。
- **内核日志：**记录操作系统内核工作的相关信息。
- **启动日志：**记录计算机启动后的各个服务的启动状态和反馈信息。
- **dpkg 日志：**dpkg 是 Debian 发行版的套件管理系统，主要记录了软件包的安装、更新及移除信息。
- **Xorg 日志：**Xorg 负责操作系统图形化桌面下的底层操作，其日志通常记录键盘、鼠标、窗口的相关信息。
- **应用日志：**记录应用程序在运行中的相关事件，例如应用程序的调试信息、运行错误信息等。

• **开关机事件：** 主要记录计算机的开关机事件，例如登录用户、用户登录时间等信息。

UOS 操作系统的日志收集器记录了操作系统从开机以来运行的基本过程信息，这些信息对于计算机异常状态下的错误排查非常有帮助，可以应用该工具迅速排查出发出错误消息的进程及错误原因，以便快速修复计算机系统。

7.5 进程控制命令

在 UOS 操作系统内，还可以通过命令行进行进程控制和管理。UOS 操作系统中主要的进程控制命令包括 ps、pstree、top、kill 等，本节将简要介绍这几个命令。

在 UOS 操作系统中，每个执行的程序都被称为一个进程，而每一个进程都会被分配一个 ID 号，在使用命令行进行进程控制时，进程的 ID 号就是标识一个进程的重要数据。

ps（process status）命令的主要功能是列出操作系统中当前运行的进程和每一个进程的运行状态，以及进程指向的文件等。ps 命令的运行效果如图 7.16 所示。

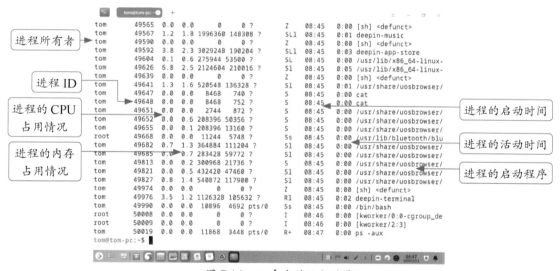

图 7.16 ps 命令的运行效果

pstree 命令可以将所有进程以树状图形式显示，树状图将会以 init 这个基本进程为根（root），如果有指定使用者 ID，则树状图会只显示该使用者所拥有的进程。我们可以这样理解进程的树状图，即 UOS 操作系统下的每一个程序都是由另一个进程调用（启动）后才能开始运行的，每一个进程都有一个父进程；进程也会调用其他程序，产生一个子进程，因此最终会形成一个树状形式，如图 7.17 所示。

图 7.17　pstree 命令的运行效果

top 命令的功能和系统监视器比较类似，能够实时监控操作系统的运行状态。top 命令可显示系统进程列表，并按照活跃程度排序，通常是按 CPU、内存的使用情况和执行时间对进程进行排序，如图 7.18 所示。

top 命令的第一行显示了操作系统的运行时间、登录用户数量、基本负载情况；第二行分状态显示了进程的数量；第三、四行分别显示 CPU 的占用情况和内存占用情况。用户可以根据这些信息，来了解系统的基本信息和运行状态。

图 7.18　top 命令的运行效果

kill 命令用于发送指定的信号到相应进程，将其终止。如果无法终止该进程，可用"-KILL"

参数，强制终止进程。root 用户可影响其他用户的进程，非 root 用户只能影响自己的进程。

语法格式：kill［参数］［进程号］。

命令参数包括：

- -l：列出信号名称；
- -a：当处理当前进程时，不限制命令名和进程号的对应关系；
- -p：指定 kill 命令只打印相关进程的进程号，而不发送任何信号；
- -s：指定发送信号；
- -u：指定用户。

使用 kill 命令时应当注意，强行终止进程会带来一些副作用，如数据丢失或终端无法恢复到正常状态。所以，发送信号时必须小心。如果需要终止所有的后台进程，可以输入"kill 0"。

本 章 小 结

本章主要讲解了 UOS 操作系统中应用软件的安装和管理，以及进程管理、设备管理、日志管理工具的应用。本章的重点在于掌握应用软件的安装和管理方法，以及系统监视器和日志收集工具的使用。

思考与练习

- UOS 操作系统应用商店的主要功能有哪些
- 怎样利用软件包管理器安装软件
- 什么是操作系统的进程，怎样查看操作系统当前的所有进程
- 练习使用进程控制命令

第**8**章

多媒体软件与辅助系统工具

本章导读

UOS 操作系统集成了一套多媒体软件和辅助系统工具，主要包括音视频播放软件、截图录屏软件、图形图像处理软件，以及其他辅助系统工具。这些软件和工具功能强大，操作简单，基本上能够满足普通用户的需求。本章主要介绍这些软件和工具的使用。

教学目标

- 熟悉操作系统的音频设置
- 熟练掌握音视频播放软件和截图录屏软件的应用
- 熟练掌握相册、看图软件和画板工具的应用
- 熟悉辅助系统工具的应用

8.1 系统的音频设置

我们通常所说的计算机的音频是一种数字化的音频处理技术，所谓数字化音频处理技术是指利用数字化手段对声音进行录制、存储、编辑、压缩和播放的技术。计算机需要把音频的模拟信息转换为数字信号，再进行编辑、处理。日常应用中的数字音频处理主要包括音频的录制、编辑和播放。

在 UOS 操作系统中，用户可以在控制中心的"声音"选项中调整和设置音频，主要包括扬声器、麦克风、高级设置、系统音效这 4 个设置选项，如图 8.1 所示。这些设置选项的具体含义如下。

系统的音频设置

- 扬声器：音频的输出设置，可设置扬声器的音量大小等属性。
- 麦克风：音频的输入设置，可设置录音设备的基本属性。
- 高级设置：硬件的调整和设置。
- 系统音效：系统音效的设置。

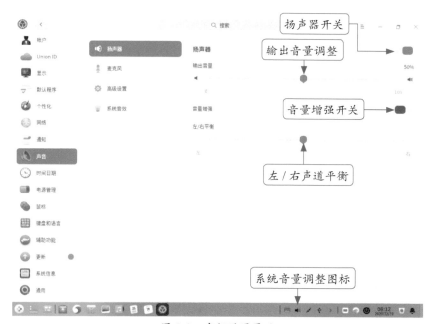

图 8.1 音频设置界面

声音设置中的"扬声器"选项内，主要设置项包括扬声器、输出音量、音量增强，以及左 / 右平衡。通常情况下，用户也可以在桌面任务栏的系统图标区单击系统音量调整图标来调整和控制整个系统的音量。

操作系统中的麦克风是音频的采集和输入设备，麦克风的设置主要包括调整麦克风的输入音量和反馈音量，如图 8.2 所示。其中，麦克风输入音量是指输入音量的大小；而反馈音量则是指麦克风输入音频后反馈给扬声器的音量大小。

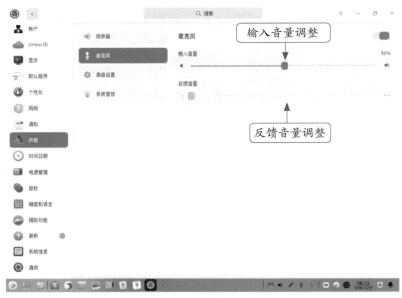

图 8.2　麦克风设置

声音的多媒体硬件设备的选择和设置位于"声音"选项的高级设置中，如图 8.3 所示。控制中心显示了操作系统可用的媒体设备和正在使用的媒体设备，用户可以根据自己的需求选择和调整输入 / 输出设备。

图 8.3　高级设置

8.2 音视频播放和截图录屏软件

UOS 操作系统集成了音乐、影院、截图录屏等软件，用户可在启动器中查找使用。本节将简要介绍这 3 种软件的基本应用。

8.2.1 音乐

UOS 操作系统的音乐软件是一款本地音乐播放软件。音乐软件的功能强大，界面设计简洁，如图 8.4 所示。

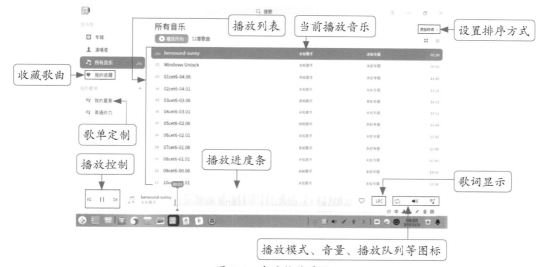

图 8.4　音乐软件界面

在音乐软件中，用户可以进行音乐库管理、歌曲播放等基本操作，主要功能如下。

● 排序：对音乐播放列表进行排序，可按添加时间、歌曲名称、歌手名称、专辑名称等属性进行排序。默认是按"添加时间"排序。

● 播放控制：快速切换到上一首 / 下一首歌曲，或暂停播放。

● 收藏歌曲：将喜欢的歌曲添加到"我的收藏"列表中。

● LRC：播放歌曲时显示歌词。

● 播放模式：单击播放模式图标可设置列表循环、单曲循环、随机播放等播放模式。

● 音量：调节播放音量大小。

● 播放队列：自定义歌曲播放队列。

此外，音乐软件还支持查看歌曲信息，操作方式如图 8.5 所示。在音乐播放列表中，通过右键关联菜单中的"歌曲信息"选项可以查看歌曲名称、歌手名称、专辑名称、文件类型、文件大小、时长、文件路径等信息。

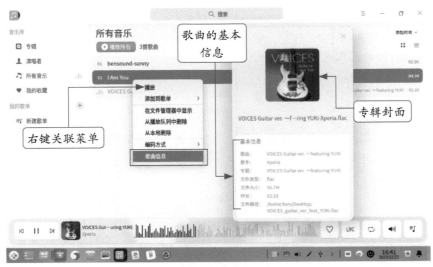

图 8.5 查看歌曲信息

8.2.2 影院

UOS 操作系统的影院软件支持播放多种格式的视频文件，操作界面简洁、直观、易用，如图 8.6 所示，影院软件的界面主要包括以下功能组件。

- **播放窗口**：显示视频内容，当鼠标指针移入播放窗口后将显示功能图标，当鼠标移出播放窗口或无操作时，将隐藏功能图标。
- **时间显示**：显示当前播放视频的总时长和已经播放的时长。
- **进度条**：显示视频播放进度，拖曳进度条上的滑块可以改变视频播放进度。将鼠标指针置于进度条上，进度条将显示该时间点的视频缩略图。
- **缩略图**：通过缩略图形式显示视频内容，可以通过进度条上显示的缩略图快速查找视频内容。
- **播放控制**：控制视频的播放、暂停、快进、快退等。
- **音量控制**：调整视频的音量。
- **播放列表**：管理播放视频。

在播放窗口单击设置按钮，可以对影院软件进行个性化设置，设置界面如图 8.7 所示，其中重要的功能是对影院的快捷键进行自定义设置。影院软件的基本设置包括以下几个方面。

- **基础设置**：进行与播放和截图相关的设置。
- **快捷键**：设置播放、画图／声音、截图、字幕等快捷键。
- **字幕**：设置字幕的字体样式。

图 8.6　影院软件界面

图 8.7　影院软件的设置

8.2.3　截图录屏

　　截图录屏软件是一款集截图和录屏功能于一体的软件。在 UOS 操作系统中，用户除了通过截图录屏软件截图，还可以通过其他方式快速截图。例如，使用键盘上的【Print Screen】键可以截取整个屏幕，并保存为图像。截图录屏软件的功能更加丰富，支持自定义截取静态图像和录制动态屏幕两种功能，如图 8.8 所示。

截图录屏
软件介绍

1. 截图功能

在截图时选中需要截取的区域，在该区域四周会出现一个白色边框，并且该区域显示亮度会提高。截图区域选择方式包括全屏、窗口和自选区域这3种。

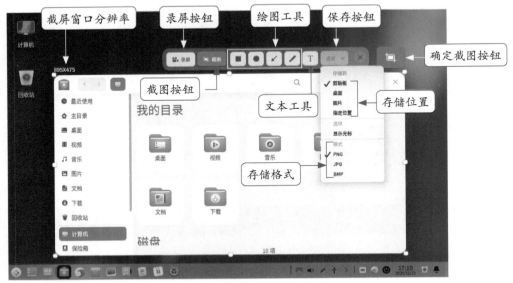

图 8.8 截图录屏软件界面（截图）

- **全屏**：自动选择当前显示器的整个屏幕，并锁定边缘位置。
- **窗口**：自动选择桌面打开的软件窗口，并锁定边缘位置，如图8.8所示，用户可对选中的窗口进行设置。
- **自选区域**：按住鼠标左键拖曳，可自由选择截图区域。

在选择截图区域时，随着鼠标移动，软件会自动识别桌面上的窗口，被识别的窗口上会出现一个矩形选择框，单击鼠标就可以选中当前窗口。由于整个桌面也可以算作一个窗口，所以当鼠标位于桌面背景上的时候，应用会识别成全屏。此外，在选择区域时，可以使用鼠标框选任意区域，在被选择的区域边缘，还可以通过鼠标来调整选择框的位置和大小，实现自定义区域选择。使用截图录屏软件选择了截取区域后，该区域上方会出现一个工具条，显示截图功能按钮和辅助工具，如下所示。

- **绘图工具**：可以在截图区域绘制矩形、圆形、箭头等基本图形，也可以选择画笔在截图区域绘制自定义图形。
- **文本工具**：可在截图中添加文字。
- **存储位置**：选择截图的存储路径。
- **存储格式**：选择截图的存储格式。

2. 录屏功能

截图录屏软件的另一个重要功能是录屏,能够将屏幕上的动态效果录制成视频并存储在本机。图 8.9 所示的是截图录屏软件的录屏功能界面。

录屏的功能和截图一样,也支持全屏、窗口和自选区域这 3 种录制区域选择方式。在选定录制区域后,用户可以通过工具条来进行以下设置。

* 音频设置:录屏时可以同时录制音频,音频输入包含麦克风和内置音频的设置,音频录制功能默认开启。
* 按键设置:录屏时显示操作按键,最多支持 5 个最近操作按键同时显示。再次单击可以取消按键显示。
* 摄像头设置:可录制摄像头窗口画面,用户也可以自定义调整摄像头窗口的大小和位置。
* 格式设置:可以选择 GIF、MP4 等格式,需要注意的是 GIF 格式无法录制音频。

图 8.9 截图录屏软件界面(录屏)

8.3 图形图像处理软件和工具

UOS 操作系统的启动器中集成了多种图形图像处理软件和工具,主要包括相册、看图和画板,其功能各不相同,本节将分别进行详细介绍。

8.3.1 相册

相册是 UOS 操作系统集成的一款照片管理软件,其界面简洁,性能流畅,支持查看和管理多种格式的照片。相册支持的有 BMP、GIF、JPG、PNG 等常用格式。打开相册后，可以导入所有照片，界面中将显示当前所有照片的缩略图，如图 8.10 所示。

相册中可以使用鼠标右键关联菜单管理照片，基本的选项有查看、全屏、打印、幻灯片放映、添加到相册、导出、复制、删除、收藏、设为壁纸、照片信息等。需要注意的是，在相册中删除的照片并没有被永久删除，而是暂时存放在"最近删除"中，删除的照片会保留 30 天，当照片上的剩余天数显示为 0 天时，照片将被永久删除。

在选中的照片上单击鼠标右键打开关联菜单，选择"查看"选项，或者双击照片，就可以全屏显示所选照片。此外，还可以在右键关联菜单中选择以幻灯片放映形式自动播放和浏览照片。

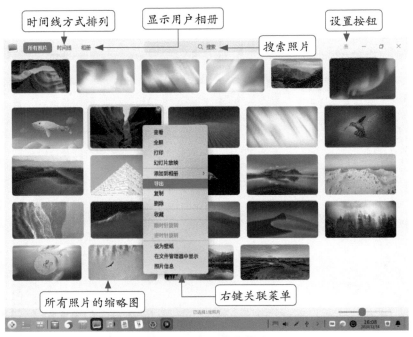

图 8.10　相册软件界面

如图 8.11 所示，用户还可以对当前选中的照片进行以下操作。

- 将照片添加到指定相册。
- 导出照片。
- 复制、删除照片。
- 将照片添加到收藏夹。
- 将照片设置为桌面壁纸。
- 查看照片的详细信息。
- 对照片进行缩放、标记、旋转、删除等操作 。

图 8.11　照片的查看模式

在相册中可以选择以时间线方式排列照片，从而将所有照片按照日期划分，将同一天的照片显示在一起，将不同日期的照片分栏排列，这样可以快速找到某一天的照片，如图 8.12 所示。

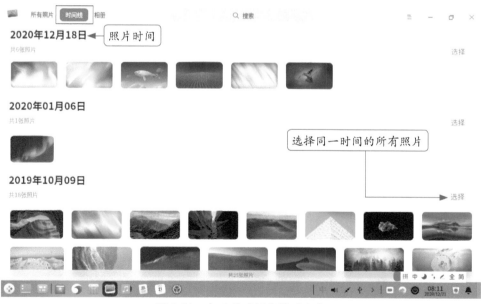

图 8.12　相册的时间线排列方式

在相册界面左侧"照片库"选项下的已导入、最近删除、我的收藏这 3 个相册是系统自动生成的，不可删除，不可重命名。用户可以单击新建相册图标添加相册，还可对添加的相册进行自定义，如修改相册名，如图 8.13 所示。

图 8.13 相册管理

8.3.2 看图

看图软件是个小巧的图片查看软件，功能比较简单，不支持图片库的维护和管理功能，仅支持图片的浏览、删除、复制等简单功能，图片显示快速、流畅，是一款实用的图片浏览软件。其界面如图 8.14 所示。

图 8.14 看图软件界面

用户可以在控制中心中将看图软件设置为默认打开程序，这样在双击浏览图片时，会自动调用看图软件打开图片。

8.3.3 画板

画板是一款简单的绘图工具，支持裁剪、模糊、添加文本、绘制图形等功能。用户可以使用画板工具对本地图片进行简单编辑，也可以绘制一张简单的图片，其界面如图 8.15 所示。

图 8.15 画板工具界面

画板的内置工具主要包括以下功能。

- 基本图形绘制：绘制矩形、圆形、三角形、多边形等。
- 线条绘制：绘制并设置线条的颜色、粗细等。
- 文本添加：输入指定字体、字号的文字。
- 图片模糊：对图片进行模糊处理。

8.4 其他辅助系统工具

UOS 操作系统的启动器中还集成了一些辅助系统工具，例如中文输入法设置向导、输入法配置、字体管理器、语音记事本、归档管理器等工具。本节主要讲解这些工具的基本应用。

8.4.1 中文输入法设置向导

中文输入法可以通过中文输入法设置向导进行设置。在启动器中打开中文输入法设置向导，在弹出的"个性化设置向导"窗口中,用户可以进行基本设置、输入习惯设置、按键设置等。其中,基本设置包括常用输入模式、候选词个数、是否隐藏状态栏、输入法管理等设置,如图8.16所示。

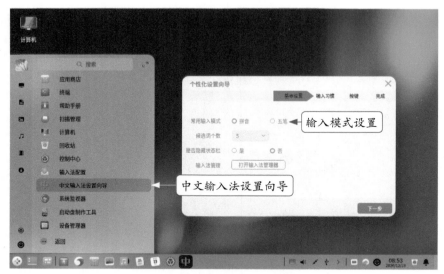

图 8.16　中文输入法设置向导

8.4.2　输入法配置

用户还可以通过输入法配置工具进行高级功能的个性化设置。在启动器中打开输入法配置工具,进入输入法配置界面,界面中包括4个设置选项,分别为输入法、全局配置、外观和附加组件。其中,全局配置中又包括快捷键、程序、输出、外观这4个设置选项,如图8.17所示。

图 8.17　输入法配置

8.4.3 字体管理器

字体管理器是一款功能非常强大的字体管理工具，可以帮助用户安装下载的字体，并且具有搜索、添加、禁用、删除、收藏字体等功能，还可以通过输入文本内容，设置字体大小进行预览，其界面如图 8.18 所示。

图 8.18　字体管理器

字体管理器的左侧是字体列表，列表中包括的主要内容如下。

- 所有字体：系统字体和用户字体的集合，默认显示所有字体。
- 系统字体：系统自带的字体，不可删除。
- 用户字体：用户安装的字体。
- 我的收藏：用户选择收藏的字体。
- 已激活：被启用的字体合集。
- 中文字体：安装的所有中文字体，显示字体的中文名称。
- 等宽字体：字符宽度相同的字体。

8.4.4 语音记事本

语音记事本是一款设计简洁、美观易用的语音记事工具。在语音记事本中，用户可以通过语音记录的形式快速记录信息，并且可以将语音转换为文字，其界面如图 8.19 所示。

图 8.19　语音记事本

语音记事本的主要功能如下。

- **录制音频**：录音时长为 60 分钟内。
- **回放音频**：语音录制完成后会以列表形式显示，用户可以回放录音。
- **保存为 MP3**：将录音导出为 MP3 格式的文件单独保存。
- **语音转文字**：可将录制的语音转换成文本。

此外，语音记事本还支持删除、全选、复制、剪切、粘贴等其他基本管理功能。

8.4.5　归档管理器

归档管理器是一款文件的压缩与解压缩工具，其界面友好，使用方便，支持 .7z、.jar、.tar、.tar.bz2、.tar.gz、.tar.lz、.tar.lzm、.tar.lzo、.tar.Z、.zip 等多种压缩包格式，还支持加密压缩等设置。归档管理器的基本功能是对单个或多个文件/文件夹，以及压缩包的集合进行压缩或解压缩，其界面如图 8.20 所示。

如图 8.20 所示，在压缩文件的文件列表中，选中一个待解压缩文件，单击鼠标右键，在右键关联菜单中选择"提取"或"提取到当前文件夹"选项，可将文件提取到相应的路径下。需要注意的是，当提取的文件为加密文件时，需要输入密码才可以打开和提取文件。

此外，UOS 操作系统针对办公应用还提供了文档查看器和文本编辑器工具。文档查看器支持的文件格式有 PDF、DJVU 等，不仅可以打开、查看文件，还可以对文档添加书签、添加注释，以及对选择的文本进行高亮显示等。文本编辑器是一个简单的文本编辑工具，也可以作为一个代码编辑工具使用，支持将选中文本进行高亮显示等功能。

图 8.20 归档管理器

本 章 小 结

本章主要介绍了 UOS 操作系统的音频设置和多媒体软件及系统工具的使用，主要包括音乐、影院、截图录屏、相册、看图、画板、中文输入法设置向导、输入法配置、字体管理器、语音记事本、归档管理器等软件和工具。这些软件和工具功能实用、操作简单，能帮助用户提高办公效率。

思 考 与 练 习

- 练习使用截图录屏软件录制屏幕操作视频
- 练习使用画板工具调整图像
- 练习设置中文输入法
- 练习使用语音记事本录制语音信息

第 9 章

安装 Windows 应用软件

本章导读

UOS 操作系统能够兼容绝大多数 Linux 系统下的应用软件（如第 7 章讲解的可通过 UOS 操作系统的应用商店和 apt 命令安装的应用软件）。由于操作系统之间的差异性，Windows 应用软件不能直接在 UOS 操作系统运行，但用户可以通过 Wine 在 UOS 操作系统上安装和运行 Windows 应用软件。

教学目标

- 了解 Wine 的基本工作原理
- 熟练掌握 Wine 的安装和基本应用
- 掌握 Wine 的两个设置工具 Winecfg 和 Winetricks
- 掌握通过 Wine 来安装和使用 Windows 应用软件的方法

9.1　Wine 简介

Wine 是一种能够在多种 POSIX 兼容操作系统（如 Linux、macOS）上运行 Windows 应用软件的兼容层软件。从实现原理上看，Wine 不是 Linux 平台下的 Windows 虚拟系统或虚拟工具，而是通过将 Windows 应用软件中的 API 调用翻译成动态的 POSIX 兼容调用的方式来实现对应用软件的调用的。这样的动态转换调用提高了软件运行性能，降低了应用软件对计算机系统内存的占用率。Wine 是开源的软件，用户可以通过网络免费下载其最新版本。

> **拓展知识**　POSIX（Portable Operating System Interface）也称可移植操作系统接口，是为了在各种 UNIX 操作系统上运行软件，而定义 API 的一系列互相关联的标准的总称。 POSIX 适用但并不局限于 UNIX，目前 Linux、macOS 等操作系统都支持 POSIX。
>
> 　API（Application Programming Interface）也称应用程序接口，是一组定义、程序及协议的集合，应用软件和操作系统之间通过 API 实现通信。简单地说就是应用软件在运行过程中，通过调用操作系统提供特定的 API，来实现某些特定的功能。

9.2　Wine 的安装与设置

Wine 的安装非常简单，在 UOS 操作系统中有两种版本的 Wine 可以安装，分别是 deepin-wine 版本和 wine-4.0.2 版本，用户可以自行选择安装版本。

9.2.1　安装和使用 Wine 服务

UOS 操作系统默认安装的是 deepin-wine 版本，建议用户直接使用该默认版本，如果有需要也可以安装其他版本的 Wine。deepin-wine 默认已经安装在系统中，用户有自定义的安装需要通过命令行实现（目前在应用商店暂时未提供 Wine 的下载和安装服务）。Wine 的安装命令和具体操作如下。

① 从 UOS 操作系统的启动器中打开"终端"模拟器，并输入命令"sudo apt -y install deepin-wine"。

② 根据提示完成用户授权后，apt 命令会自动连接到 UOS 操作系统的软件源，分析 Wine 软件包的依赖关系，查找依赖库，并自动安装和更新软件包。

使用 apt 命令完成 Wine 的安装后，用户就可以使用 Wine 来直接调用 Windows 应用软件（Windows 应用软件通常以 .exe 作为扩展名）。调用 Windows 应用软件的 Wine 命令及其功能如表 9.1 所示。

表 9.1 调用 Windows 应用软件的 Wine 命令及其功能

命令	功能
deepin-wine ***.exe	调用当前 EXE 应用软件
deepin-wine notepad.exe	调用 Windows 操作系统的记事本（可省略扩展名 .exe）
deepin-wine regedit	注册表，Wine 实现了大约 90% 的 Windows 注册表管理 API
deepin-wine wmplayer	调用 Windows 操作系统的 Media Player 播放器
deepin-wine boot	重启 Wine 服务
deepin-wine uninstaller	卸载应用软件

例如，用户需要使用 Windows 操作系统的任务管理器查看 UOS 操作系统的运行状态及其性能，可以在启动器中打开"终端"模拟器，使用命令"deepin-wine taskmgr.exe"（或者也可以省略扩展名 .exe，使用命令"deepin-wine taskmgr"），该命令运行后的显示效果如图 9.1 所示。

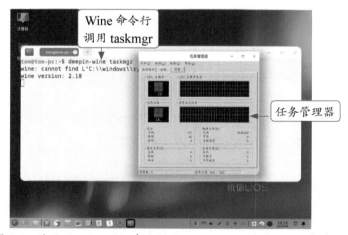

图 9.1 使用 deepin-wine 命令调用 Windows 操作系统的任务管理器

9.2.2 使用 deepin-winecfg 设置 deepin-wine

用户安装 Wine 后，就可以调用大部分的 Windows 应用软件。如果用户需要对 Wine 的具体参数进行设置，可以在"终端"模拟器窗口输入"deepin-winecfg"命令启动 Wine 的设置窗口，如图 9.2 所示。

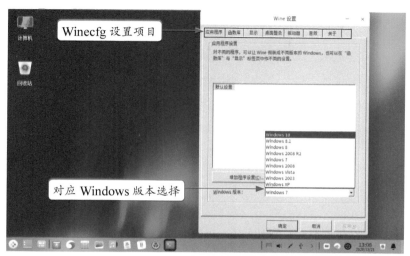

图 9.2　Wine 的设置窗口

在"Wine 设置"窗口，用户可以选择默认应用程序的设置，当前 Wine 兼容 Windows XP 到 Windows 10 的绝大部分版本。此外，在该设置窗口还可以设置的主要内容如下。

- 函数库：选择 Windows 的动态链接库的替代函数版本。
- 显示：设置 Wine 运行程序占用窗口的分辨率和大小。
- 桌面整合：设置外观和用户个人文件夹。
- 驱动器：设置 Windows 操作系统下的磁盘分区映射。
- 音效：设置 Windows 应用软件的音频输入和输出设备。

9.3　Winetricks 的安装和设置

常规安装的 Wine 只是一个最基本的服务环境，并没有完全安装所有的 Windows 应用软件运行所需要的数据和资源文件，尤其是缺少很多 Windows 操作系统的 DLL（Dynamic Linked Library，动态链接库）、字体文件等，这样会导致安装和启动应用软件失败，或用户界面显示乱码等问题。

因此，很多情况下用户还需要一个针对系统 DLL 和字体等高级功能进行管理和操作的 Wine 设置工具。Winetricks 是 Wine 的一个图形化设置工具，它能够在 Wine 上设置和安装 Windows 的重要系统组件。例如，修改 Windows 注册表的信息、卸载指定工具、安装 DLL 文件或系统字体等。

Winetricks 的安装需要使用 apt 命令，安装"winetricks"和"zenity"两个软件包。用户可以使用管理员权限在"终端"模拟器窗口运行以下两条命令安装这两个软件包。

```
sudo apt install winetricks
sudo apt install zenity
```

　　"winetricks"软件包和"zenity"软件包安装完成之后，用户可以使用Winetricks工具进行Wine服务的高级安装和设置。在"终端"模拟器窗口输入"winetricks"命令，执行完命令后，界面如图9.3所示。Winetricks的基本功能包括默认当前Wine服务的基本设置并自动安装常用Windows应用软件。一般情况下，选择"选择默认的wine容器"选项，就可以实现默认Wine的设置。

图9.3　执行"winetricks"命令后的界面

　　选择"选择默认的wine容器"选项后，单击"确定"按钮进入下一个设置界面，如图9.4所示。由于常规安装的Wine默认缺少了部分字体文件，因此会造成通过Wine启动的部分应用软件无法正常显示，或者显示为乱码。因此，用户可以通过Winetricks安装Windows操作系统的大部分常用字体。在图9.4所示的界面中，选择"安装字体"选项，用户就可以选择和安装Windows操作系统的字体文件。

图9.4　安装字体

如图 9.4 所示，Winetricks 的功能非常丰富，除了能够安装 Wine 中缺少的字体文件，还具有如下主要功能。

- **安装 Windows DLL 或组件：**支持安装 Windows 操作系统的动态链接库文件和其他核心组件。
- **运行注册表：**支持注册表编辑。
- **运行资源管理器：**调用 Windows 操作系统的资源管理器。
- **运行任务管理器：**调用 Windows 操作系统的任务管理器。
- **运行卸载程序：**帮助用户卸载通过 Wine 安装的应用软件。

Winetricks 除了管理和设置 Wine 的服务功能外，还集成了一批常用的 Windows 应用软件。选择如图 9.3 所示的"安装一个 Windows 应用"选项，单击"确定"按钮后，可进入图 9.5 所示的应用软件安装界面。

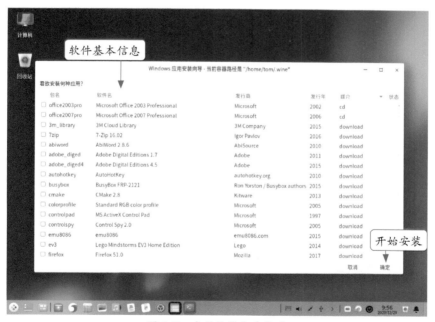

图 9.5　应用软件安装界面

用户可以在软件列表中选择自己需要安装的 Windows 应用软件，Winetricks 会自动连接网络，下载并安装该应用软件。

此外，Winetricks 还支持安装部分 Windows 游戏和基准测试软件，如图 9.3 所示。用户在日常使用 Wine 运行 Windows 应用软件时，可以综合使用 Winecfg 设置程序和 Winetricks 设置程序。

9.4 安装和卸载 Windows 应用软件

用户在完成 Wine 的安装和设置后，就可以使用命令"deepin-wine XXX.exe"调用部分 Windows 应用软件，例如记事本、媒体播放器等。但对于 Windows 操作系统下的非系统集成 应用软件，则需要在 Wine 下使用安装程序进行安装后才能使用。

9.4.1 安装软件

在 UOS 操作系统下通过 Wine 安装 Windows 应用软件的方式有两种，一种是使用 UOS 操 作系统的应用商店来安装，另一种是使用命令行安装。下面我们来分别讲述。

1. 使用应用商店安装 Windows 应用软件

在启动器中打开应用商店，搜索商店内的应用软件，如图 9.6 所示，软件 图标旁标注"wine"表明其是 Windows 应用软件，只能通过 Wine 运行，在安装、 设置完 Wine 后，用户可以直接安装标注有"wine"的应用软件，整个安装过程 和安装应用商店中的其他应用软件一致。安装完成后，在启动器中会自动生成 该应用软件的图标，用户双击图标即可打开该 Windows 应用软件。

Windows 应用
软件安装

图 9.6 使用应用商店安装 Windows 应用软件

2. 使用命令行安装 Windows 应用软件

使用命令行安装 Windows 应用软件，首先需要用户下载或复制该应用软件的可执行文件到 本机，如图 9.7 所示，将腾讯会议客户端的软件包下载保存至"~/Dowsnload/"目录下，用户可以输入下面的命令启动该应用软件的安装向导。

tom@tom-pc:/home/tom/Downloads# deepin-wine TencentMeeting_0300000000_2.5.0.470.publish.exe

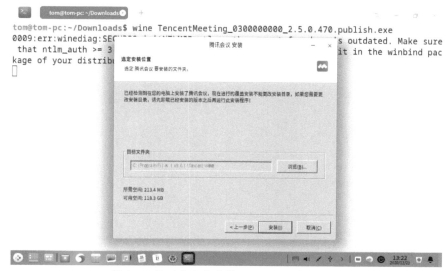

图 9.7　使用命令行安装 Windows 应用软件

　　根据 Windows 应用软件安装向导的提示完成应用软件的安装，系统会在启动器中添加该应用软件的图标，并打开该应用软件。

　　该应用软件通过 Wine 启用后的基本界面和在 Windows 操作系统下基本一致。对于中文版本的软件，由于使用 Winetricks 无法自动添加与其对应的中文字体文件，所以用户还需要手动安装相应的中文字体。

　　Winetricks 的字体安装功能只包含了大部分英文字体，缺少中文字体文件，为了更好地使用中文版软件，用户需要手动安装常用中文字体。下面以常用的 simsun 字体为例，讲解中文字体的手动安装过程。

　　① 复制字体文件到计算机中。用户可通过网络搜索下载，或从安装好的 Windows 操作系统中查找中文宋体文件 "simsun.ttc"，并将其复制到 " ~/.wine/drive_c/windows/Fonts"目录下（此目录需事先单独创建）。

　　② 在用户目录下创建 cfont.reg 文件。cfont.reg 文件是 Windows 操作系统的注册表文件，该文件用于添加字体信息到 Wine 的注册表。cfont.reg 文件的内容如表 9.2 所示。

　　③ 安装字体并注册信息。字体文件和注册表文件准备好后，使用如下命令安装和注册新字体。

```
tom@tom-pc:~# mkdir -p ~/.wine/drive_c/windows/Fonts
tom@tom-pc:~# cp  /home/uos/Desktop/simsun.ttc cfont.reg
tom@tom-pc:~/.wine/drive_c/windows/Fonts# regedit  cfont.reg
```

完成字体安装和注册后，在 UOS 操作系统的 Wine 环境下就可以正常使用该字体。

表 9.2　字体文件注册表信息（cfont.reg 文件的内容）

```
REGEDIT4
［HKEY_LOCAL_MACHINE\Software\Microsoft\Windows NT\CurrentVersion\FontSubstitutes］
"Arial"="simsun"
"Arial CE,238"="simsun"
"Arial CYR,204"="simsun"
"Arial Greek,161"="simsun"
"Arial TUR,162"="simsun"
"Courier New"="simsun"
"Courier New CE,238"="simsun"
"Courier New CYR,204"="simsun"
"Courier New Greek,161"="simsun"
"Courier New TUR,162"="simsun"
"FixedSys"="simsun"
"Helv"="simsun"
"Helvetica"="simsun"
"MS Sans Serif"="simsun"
"MS Shell Dlg"="simsun"
"MS Shell Dlg 2"="simsun"
"System"="simsun"
"Tahoma"="simsun"
"Times"="simsun"
"Times New Roman CE,238"="simsun"
"Times New Roman CYR,204"="simsun"
"Times New Roman Greek,161"="simsun"
"Times New Roman TUR,162"="simsun"
"Tms Rmn"="si msun"
```

9.4.2　卸载软件

卸载 UOS 操作系统下的 Windows 应用软件，主要有以下几种途径。

（1）通过应用商店安装的 Windows 应用软件，可以直接在应用商店进行卸载，如图 9.8 所示。

（2）通过下载软件包安装的 Windows 应用软件可以在启动器中使用卸载程序卸载（需要注意的是，启动器中的卸载程序是 Windows 应用软件在软件安装过程中自动添加的）。

（3）使用 Winetricks 卸载，如图 9.4 所示，选择"运行卸载程序"选项，可进入图 9.9 所示的卸载界面。在该界面下，用户可以选择通过 Wine 安装的应用软件，将其卸载。

Winetricks 的设置功能全面，并且使用图形化界面更加有利于用户操作。因此建议在使用 Wine 服务时选装 Winetricks。

图 9.8　在应用商店卸载 Windows 应用软件

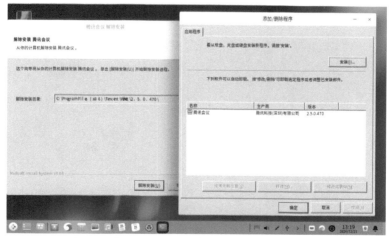

图 9.9　使用 Winetricks 卸载 Windows 应用软件

本 章 小 结

　　通过 Wine，用户能够实现在 UOS 操作系统中直接调用或安装 Windows 应用软件。用户可以使用 apt 命令在 UOS 操作系统中安装 Wine 及其设置工具。然后通过本章讲解的几种方式安装和使用 Windows 应用软件。

思考与练习

- Wine 和其他类型的虚拟机软件有什么区别
- 练习安装 Wine，并使用 Wine 安装 Windows 应用软件

第 **10** 章

命令行模式与 shell 的应用

本章导读

本章主要介绍 UOS 操作系统"终端"模拟器的常用操作方法及使用技巧，以及 shell 的应用。对于入门读者，重点掌握文件管理和系统账户管理方面的常用 shell 命令即可。最后，本章还介绍了 UOS 操作系统下重要的文本编辑器 Vim 的使用方法。

教学目标

- 掌握"终端"模拟器的基本应用
- 了解 shell 的基本概念，学会 shell 命令的编辑技巧
- 熟练掌握文件管理和账户管理的基本命令
- 熟练掌握 Vim 编辑器的使用

10.1 UOS 操作系统的命令行模式

UOS 操作系统不仅支持图形用户界面（DDE 桌面环境）下的交互，还支持用户在命令行界面下使用 shell 实现与操作系统的交互。这两种界面的特点在第 2 章中简单介绍过，用户使用命令行界面管理计算机，往往比使用图形用户界面的操作速度更快，因此在学习使用 UOS 操作系统时，掌握一定的命令行使用技能是非常重要的。

10.1.1 "终端"模拟器的基本应用

1. 切换命令行界面

在操作系统的使用过程中，用户可以在 DDE 桌面环境和命令行界面之间进行自由切换，具体切换方式如下。

"终端"模拟器
的应用

- 从 DDE 桌面环境切换为命令行界面的快捷键：【Alt+（F2~F6）】或【Ctrl+Alt+（F2~F6）】。

- 从命令行界面切换为 DDE 桌面环境的快捷键：【Alt+F1】。

这种通过快捷键切换的命令行界面是一种纯字符文本界面，用户在这个界面下将无法使用 DDE 桌面环境中的各类图形化的应用软件。不过用户还可以在 DDE 桌面环境下通过"终端"模拟器进入一个模拟命令行界面，该界面以图形化的窗口形式呈现。用户使用"终端"模拟器时，可以同时使用系统的其他图形化应用软件。

2. 查看历史命令

在命令行模式下，按键盘上的上方向键【↑】或下方向键【↓】，可以查看历史命令。UOS 操作系统默认可以记录 1000 条历史命令。

3. 移动光标

输入命令后，用户如果想将光标移动到命令行的某一位置，可以使用左方向键【←】或右方向键【→】来调整光标所在位置。

4. 其他常用快捷键

由于在命令行模式下主要依靠键盘来操作，所以熟练掌握一些常用快捷键对于 UOS 操作系统的日常使用非常重要。表 10.1 列出了常用的一些快捷键，供读者参考。

表 10.1 "终端"模拟器中的常用快捷键

快捷键	作用
Ctrl + Insert	复制
Shift + Insert	粘贴

续表

快捷键	作用
Ctrl + L	清空屏幕
Ctrl + C	退出某个正在执行中的操作
Ctrl + D	退出 shell
Ctrl + A	将光标移到行首
Ctrl + E	将光标移到行尾
Ctrl + U	删除光标前的字符
Ctrl + K	删除光标后的字符
Ctrl + W	删除光标前的单词
Ctrl+ 左 / 右方向键	以单词为单位前后移动光标
Ctrl+R	搜索历史命令
Tab	自动补全
Ctrl+V	使用快捷键【Ctrl+V+ 字符】，可插入指定字符

　　惯于使用Windows操作系统的用户需要注意，Windows操作系统下的快捷键【Ctrl+C】（复制）和快捷键【Ctrl+V】（粘贴），在"终端"模拟器中被赋予了不同的含义（详见表 10.1）。

10.1.2 命令提示符

　　图 10.1 所示为在"终端"模拟器中输入命令行的界面，命令行显示的"tom@tom-pc:~$"称作 shell 的命令提示符（在不同的 Linux 发行版操作系统中，提示符的外观可能有所区别）。其中，第 1 个"tom"表示用户名；"tom-pc"表示当前主机名称；"~"表示在用户的个人目录下，"$"表示当前登录的用户是普通用户，如果最后的字符是"#"，则表示当前登录的是超级管理员"root"。用户使用"终端"模拟器时，应当学会通过提示符信息了解当前的用户状态。

图 10.1　"终端"模拟器界面

shell 有很多种，常见的有 sh、bash、csh、tcsh 等。用户如果需要了解当前操作系统默认的 shell，可以在"终端"模拟器中使用命令"echo $SHELL"来查看，查看结果如图 10.1 所示。此外，用户也可以通过查看"/etc/shells"的文件内容，查看当前操作系统所有可用的 shell。

图 10.1 中的两条命令"echo $SHELL"和"cat /etc/shells"的输出表示含义如下。

- "echo $SHELL" 命令显示当前的 shell 类型，其输出"/bin/bash"表示当前的 shell 类型是"bash"，并且 bash 存放在系统的"/bin/"这个目录中。

- "cat /etc/shells"命令显示"/etc/shells"文件的内容，该文件保存了当前系统中的可用 shell。注意，不同的 shell 支持的语法可能也是不相同的。

> **拓展知识** 常见的 shell 类型：① Bourne shell（简称 sh），其功能比较简单，易用性较差，因此现在很多 Linux 发行版操作系统都不将其作为默认 shell；② Bourne Again shell（简称 bash），是 Bourne shell 的增强版，大部分 Linux 的发行版使用的都是这种 shell；③ C shell（简称 csh），因其语法和 C 语言类似而得名，使用非常广泛；④ Tenex C shell（简称 tcsh），是 C shell 的增强版。

10.2 shell 命令及其应用技巧

UOS 操作系统是由内核及各种外围程序组成的。其中，内核是操作系统的核心，是构成整个操作系统最关键的组成部分，它负责管理系统的进程、内存、设备驱动程序、文件和网络系统等，决定着系统的性能和稳定性。

shell 介于操作系统内核和外围程序之间，主要负责向内核翻译及传达用户／程序指令。因此一般认为 shell 既是一种命令语言的解释和执行程序（也称 shell 解释器），也是一种程序设计语言，用户可使用该语言编写 shell 命令，来实现与操作系统的交互。

10.2.1 shell 命令的分类和语法

1.shell 命令的分类

shell 命令分为内部命令和外部命令。内部命令在安装操作系统的时候已嵌入系统内核，属于 shell 解释器的一部分；外部命令以文件的形式存在，是 shell 解释器之外的其他程序。也就是说外部命令是独立的，可安装和删除的程序。在日常使用中，经常会看见反馈信息"command not found"，表示系统未查找到该外部命令，此时用户需要核对该外部命令的状态。如果想查看命令的类别，可以使用 type 命令，使用方法为"type + 命令"，如图 10.2 所示。

图 10.2 中使用 type 命令查看"cd"和"python"的命令类别，反馈的结果为"cd"是内建命令，即内部命令；"python"是外部命令，其存储路径是"/usr/bin/python"。

2.shell 命令的语法

shell 命令的一般语法格式包含三部分：命令名称、选项、参数。这三部分之间需要使用空格分隔开。需要注意的是，不同命令的选项和参数都不相同。命令行的基本语法格式如下所示。

图 10.2　查看 shell 命令的类别

语法格式：命令［选项］...［参数 1］［参数 2］...

其中，"选项"表示控制命令的执行方式，"选项"又分为短选项（如 -l、-A、-d）、复合选项（如 -lh、-lA、-ld）和长选项（如 --help）。"参数"一般是指命令的操作对象，如目录或文件。

10.2.2　shell 命令的编辑技巧

1. 常用快捷键

shell 命令有很多，并且当参数是长目录时很难记忆，因此输入 shell 命令时可以使用一些快捷的编辑技巧，主要技巧包括利用【Tab】键、利用历史命令、适时清屏和查找常用命令存储位置等，具体如下。

（1）利用【Tab】键：利用【Tab】键可以自动补齐命令、选项、参数、文件路径、软件名、服务名等。

（2）利用历史命令：在操作系统中输入过的命令会被记录，对于输入过的命令，用户不需要重新编辑，可以直接调用历史命令，调用方法如下。

- 通过按上方向键【↑】或下方向键【↓】调用历史命令。
- 在命令行中输入"history"显示所有命令记录，每条记录都有对应的编号，如果想执行编号为"200"的命令，可以在命令行中输入"!200"来调用该命令。

（3）适时清屏：当命令输入得特别多或是当前屏幕特别乱的时候，可以用快捷键【Ctrl + L】或输入命令"clear"清屏。

（4）查找常用命令存储位置：通过 which 命令就可以查询到常用命令的存储位置。

2. 帮助文档

当用户需要查看某个命令的参数时，可不必到网上查询，利用 UOS 操作系统中的 man（manual）可以快速查看命令的帮助信息，掌握命令的用法。例如，如果想获取 ls 命令的帮助信息，输入"man ls"后按【Enter】键即可，显示结果如图 10.3 所示。

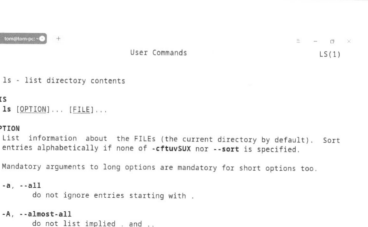

图 10.3　查看命令的帮助信息

图 10.3 中显示内容的具体含义："NAME"为命令的名称与描述信息，"SYNOPSIS"为命令的语法格式，"DESCRIPTION"为命令的详细描述信息，再后面一般是命令的选项及其功能的描述。

man 显示的帮助信息比较详细，如果用户只想了解简单的命令参数信息，可以使用"--help"来获取。例如，输入"ls --help"，ls 命令后的"--help"选项就会直接调用 ls 命令的帮助信息。如图 10.4 所示，显示了 ls 命令的帮助信息。

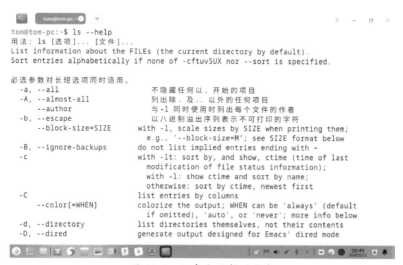

图 10.4　ls 命令的帮助信息

用户在使用 shell 命令的过程中应当发挥帮助文档的作用，并掌握一些命令行的基本使用技巧，这样可以大幅提高命令行的使用效率。

10.3 文件管理的基本命令

文件管理主要包括对文件和目录的查看、修改、压缩、解压缩、查找和链接等操作。在本书前面的章节中已经简单介绍了一部分文件管理命令，本节将进一步介绍常用的文件管理命令。

10.3.1 常用命令、管道符和链接文件的应用

1. 常用命令

表 10.2 对常用的目录和文件的管理命令做了简要介绍，希望读者能够熟练掌握，并能够综合应用 man 或 help 帮助文档来深入了解这些命令。

表 10.2　目录和文件管理的常用命令

命令	含义
pwd	显示当前工作目录
cd	切换当前工作目录
ls	列出目录中的文件/目录
mkdir	创建新的目录
touch	创建或修改文件时间
cp	复制文件
mv	修改文件/目录名，或将文件/目录移到其他位置
rm	删除文件或文件夹
du	显示指定文件/目录的磁盘占用空间
alias	查看已设置的别名，定义新的别名
unalias	取消已设置的别名
cat	查看文件内容
grep	查找文件里符合条件的字符串
more	分页查看文件，按空格键转向下一页，按快捷键【Ctrl+b】返回上一页
less	分页查看文件，使用上方向键【↑】或下方向键【↓】查看文件的上一页或下一页
hear	查看文件开头的内容
tail	查看文件末尾的内容
wc	统计字数
sort	将文本文件内容进行排序
unip	检查及删除排序文件中的重复行列，一般与 sort 命令结合使用
cut	按列切分文件
paste	把文件按列进行合并

2. 管道和管道符

管道（pipe）可以将两个或者多个命令（程序或者进程）连接到一起。将一个命令的输出作为下一个命令的输入，以这种方式连接的两个或者多个命令就形成了管道。Linux 管道使用竖线"|"连接多个命令，这被称为管道符。当在两个命令之间设置管道时，管道符"|"左边命令的输出就变成了右边命令的输入。

语法格式：command1 | command2 〔 | commandN... 〕。

这里需要注意，command1 必须有正确输出，而 command2 必须可以处理 command1 的输出结果，而且 command2 只能处理 command1 的正确输出结果，不能处理 command1 的错误信息。

如图 10.5 中首先使用下方的命令。

ifconfig | grep inet

该命令使用管道将 ifconfig 命令的输出作为 grep 命令的输入，grep 命令是从输入数据中查找匹配 inet 字符的行，并显示。

使用的第 2 个命令如下。

ifconfig

该命令显示了 ifconfig 的完整输出，读者可以自行和第一条管道命令比对，理解管道的含义和相关功能。

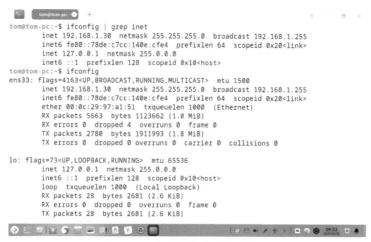

图 10.5　管道符在命令中的应用

3. 链接文件

链接文件分为两种：硬链接（Hard Link）和符号链接（Symbolic Link）（也叫软链接）。硬链接不可以跨分区，但是源文件可以删除；软链接可以跨分区，其源文件不可删除（类似于Windows 的快捷方式）。

ln 命令用于给文件创建链接，其语法格式如下。

语法格式： ln ［选项］ 源文件 目标文件。

ln 命令的常用选项有"-s"和"-f"。

- "-s"选项表示建立软链接文件；如果不加 "-s" 选项，则建立硬链接文件。

- "-f"选项表示强制建立链接文件，如果目标文件已经存在，则删除目标文件后再建立链接文件。

使用 ln 命令创建链接文件的示例如图 10.6 所示。

图 10.6　创建链接文件

第 1 条命令如下。

ln /etc/hostname ./host

在当前目录建立一个"/etc/hostname"文件的硬链接 host。系统反馈无法跨设备建立硬链接。

第 2 条命令如下。

ln -s /etc/hostname ./host

表示成功建立一个符号链接，并通过 ls 查看，当前目录存在一个 host 链接文件。

10.3.2　文件压缩、解压和备份命令

文件压缩指的是利用算法对文件进行处理，从而达到缩减磁盘空间占用的目的。常用的文件压缩、解压和备份命令包括 gzip、bzip2、tar 等命令。

压缩与解压命令 gzip：gzip 命令用于压缩与解压缩文件。文件经 gzip 压缩后，会以".gz"为扩展名，默认不保留原文件。

语法格式：gzip［选项］［文件名］。

常用选项及功能如下。

- -d：解开压缩文件。
- -l：列出压缩文件的相关信息。

压缩与解压命令 bzip2：bzip2 命令用于压缩与解压缩文件，文件经 bzip2 压缩后，会以 ".bz2" 为扩展名，默认不保留原文件。

语法格式：bzip2 ［选项］ ［文件名］。

常用选项及功能如下。

- -d：解开压缩文件。
- -k：保留原文件。

文件备份命令 tar：tar 命令是用来建立和还原备份文件的命令，它也可以加入或解开备份文件内的文件。

语法格式：tar［选项］［文件 / 目录］。

常用选项及功能如下。

- -c：建立新的备份文件。
- -v：显示指令执行过程。
- -x：解包。
- -t：显示 tar 文件的内容。
- -z：用 gzip 压缩或解压文件，以 .tar、.gz 或 .tgz 为扩展名。
- -j：用 bzip 压缩或解压文件，以 .tar 或 .bz2 为扩展名。
- -f：指定要操作的文件。
- -C：指定解压目录。

文件压缩、解压和备份命令的具体使用如图 10.7 所示。

图 10.7　文件压缩、解压和备份命令

图 10.6 的命令中，前 3 条 touch 命令首先创建了 3 个新文件，分别命名为 test001.txt、test002.txt、text003.txt，随后分别使用 gzip、bzip2 和 tar 命令进行压缩和备份，最终分别生成 test001.txt.gz、test002.txt.bz2、test003.tar 这 3 个文件。由于 gzip 命令和 bzip2 命令在压缩文件后会自动删除原文件，所以在使用这两个命令前应当注意备份文件。

10.3.3　文件查找命令

在 UOS 操作系统中快速检索文件的存储路径，可以使用 which、whereis、locate 和 find 这几个命令，它们的具体使用方式如下。

which/whereis 命令（搜索可执行文件）。有时候可能在多个路径下存在相同的文件，可使用 which 命令或 whereis 命令查找，确定当前所执行的到底是哪一个文件。

locate 命令（模糊匹配）。不清楚文件的类型或只记得某个文件的部分名称时，可使用 locate 命令进行查找。locate 命令用于查找文件或目录，查找速度比 find 命令快，因为它不会去搜索目录，而是搜索一个数据库 /var/lib/mlocate/mlocate.db，这个库有本地所有文件的信息，系统会自动创建这个数据库，每天自动更新一次。因此，在用 locate 查找文件时，有时会找到已经被删除的数据，或无法找到刚建立的文件，原因是数据库文件还没有更新。为了避免这种情况，可以在使用 locate 命令之前，先使用 updatedb 命令，手动更新数据库。

find 命令（遍历查找）。find 命令是在硬盘上遍历查找文件，遍历当前目录及其子目录，非常耗费硬盘资源，查找的效率会比使用 whereis 命令或 locate 命令低。find 命令是从指定路径下递归向下搜索文件，并且支持按照各种条件方式搜索。find 命令的功能相对更强大，但也是语法最复杂的一个文件查找命令。

语法格式：find ［指定目录］ ［选项／指定条件］ ［指定动作］。

［指定目录］：所要搜索的目录及其子目录，默认为当前目录。

［选项／指定条件］：所要搜索文件的特征。

［指定动作］：对搜索结果进行特定的处理。

常用选项及功能如下。

- -name：根据文件名查找文件。
- -user：根据文件拥有者查找文件。
- -group：根据文件所属组查找文件。
- -perm：根据文件权限查找文件。
- -size：根据文件大小查找文件［±Sizek］。
- -type：根据文件类型查找文件，常见类型有 f（普通文件）、c（字符设备文件）、b（块设备文件）、l（链接文件）、d（目录）。

- -o：表达式或。
- -a：表达式与。

以下是"find"命令的一些使用示例及其功能。

- 在根目录下查找名字为"passwd"的文件：tom@tom-pc:~$ find / -name "passwd"。
- 在根目录下查找属于"student"用户的文件：tom@tom-pc:~$ find / -user student。
- 在根目录下查找属于"user"组的文件：tom@tom-pc:~$ find / -group user。
- 在根目录下查找权限是 644 的文件：tom@tom-pc:~$ find / -perm 644。
- 在根目录下查找大于 10k 的文件：tom@tom-pc:~$ find / -size +10k。
- 在 /etc 目录下查找小于 10k 的文件：tom@tom-pc:~$ find /etc -size -10k。
- 在 /etc 目录下查找链接文件：tom@tom-pc:~# find /etc -type l。

10.4 账户管理的基本命令

UOS 操作系统是一个多用户操作系统，每个用户的账户都拥有一个唯一的用户名和密码。用户在创建账户时，操作系统会默认创建一个与账户同名的组，并把账户加入这个组中。此外，用户还可根据需求创建组。UOS 操作系统提供了一整套命令来维护及管理账户和组。

10.4.1 账户与组的基本管理

UOS 操作系统对账户和组的管理是通过 ID 来实现的。当我们登录操作系统时，需要输入用户名和密码，操作系统先将用户名转换为 ID 号，再判断这个 ID 号是否存在，并判断密码是否正确。操作系统中的账户 ID 被称为 UID，组 ID 被称为 GID。值得注意的是，账户的角色是通过 UID 和 GID 识别的。在 UOS 操作系统中，一个 UID 是标识一个账户的唯一账号。其中，当 UID 为 0 时，则代表当前账户是超级管理员，也就是 root 账户；1~499 之间的 ID 号已被系统预留，这样在创建普通账户的 ID 时，需要从 500 算起。

创建新账户和组：使用 useradd 命令可以创建新账户，使用 groupadd 命令可以创建新组。需要注意的是，不管创建新账户还是新组，都需要管理员权限。创建新账户和组的语法格式如下所示。

语法格式：useradd ［选项］ ［用户名］。

语法格式： groupadd ［选项］ ［组名］。

删除账户和组：删除一个已有的账户可以使用 userdel 命令，删除组可以使用 groupdel 命令。但是如果组中包含账户，则必须先删除账户才能删除组。此命令只有 root 账户才能使用。其语法格式如下所示。

　　　语法格式：userdel［选项］［用户名］。

　　　语法格式：groupdel［选项］［组名］。

　　检查账户身份：使用 who 命令或 w 命令可以查询账户信息，使用 groups 命令可以查询账户所属的组，使用 id 命令可以查询账户的 ID 信息。其语法格式如下所示。

　　　语法格式：who　　　［选项］。

　　　语法格式：w　　　　［选项］。

　　　语法格式：groups　［选项］［用户名］。

　　　语法格式：id　　　　［选项］［用户名］。

　　修改账户信息：使用 passwd 命令可以更改账户密码。使用 usermod 命令可以修改账户的各项设置。使用 gpasswd 命令可以将一个账户添加到组或从组中删除。其语法格式如下所示。

　　　语法格式：passwd　　［选项］［用户名］。

　　　语法格式：usermod　［选项］［用户名］。

　　　语法格式：gpasswd　［选项］［组名］。

10.4.2　账户与组的配置文件

　　UOS 操作系统使用配置文件保存了所有账户和组的配置信息，配置文件一般保存在"/etc"目录下，主要的配置文件如下。

- /etc/passwd # 保存用户账户的基本信息。
- /etc/shadow # 用户影子口令文件。
- /etc/group # 组的配置文件。
- /etc/gshadow # 组的影子文件。
- /etc/default/useradd　# 使用 useradd 命令创建账户时需要调用的默认配置文件。
- /etc/login.defs # 定义创建账户时需要的一些用户的配置文件。
- /etc/skel/ # 存放新账户配置文件的目录。

　　下面详细介绍前三个较为重要的配置文件。

　　/etc/passwd 文件。/etc/passwd 文件的每一行定义一个账户，有多少行就表示有多少个账户，每行内容又以"："号作为分隔符被划分为 7 个字段，这 7 个字段分别定义了账户的不同属性，如下所示。

```
root:x:0:0:root:/root:/bin/bash
daemon:x:1:1:daemon:/usr/sbin:/usr/sbin/nologin
```

　　各字段的含义如下所示。

- 字段 1：用户名，这是用户的账户名称，在操作系统中是唯一的，不能重名。

- 字段 2：密码占位符 x，在早期的 UNIX 操作系统中，用于存放用户名和密码，后来出于安全考虑，把这个密码字段的内容移到 /etc/shadow 中了，所以只能看到一个字母 x，表示该用户密码在 etc/shadow 文件中被保护。
  - 字段 3：表示 UID，其范围是 0~65535。
  - 字段 4：表示 GID，其范围是 0~65535。
  - 字段 5：账户说明。
  - 字段 6：宿主目录，是用户登录后首先进入的目录，一般为"/home/ 用户名"这样的目录。
  - 字段 7：当前用户登录后所使用的 shell，大多数内置系统账户使用的是 /sbin/nologin，这表示禁止登录系统。这是出于安全考虑的。

/etc/shadow 文件。由于 passwd 文件必须要被所有的用户读，所以会带来安全隐患。因此系统将用户密码信息从 /etc/passwd 文件中分离出来，并单独放到了 /etc/shadow 文件中。系统中只有 root 用户拥有 /etc/shadow 文件的可读权限，其他用户对其没有任何权限，这样就保证了用户密码的安全性。 其文件内容形式如下。

```
root:$6$brYJfSgOsd8kAu5m$5iAUHQZJKW6layO4UJyOekkBJWr9tmqjHBbtPCttYC2d8OK.Jt7eH2/oxNq82Bc5v8iH
yfnX2d1:18407:0:99999:7:::
daemon:*:18348:0:99999:7:::
```

和 /etc/passwd 文件一样，shadow 文件的每行内容也以"："作为分隔符进行划分，共被划分为 9 个字段，其各字段的含义如下所示。

- 字段 1：用户名。
- 字段 2：加密后的密码。
- 字段 3：最近更改密码的时间，即从当前到上次修改密码的天数。
- 字段 4：禁止修改密码的天数，即从当前开始，多少天之内不能修改密码，默认值为 0。
- 字段 5：用户必须更改密码的天数，即密码的最长有效天数，默认值为 99999。
- 字段 6：警告更改密码的期限，即在用户密码过期前多少天提醒用户更改密码，默认值为 7。
- 字段 7：不活动时间，即从用户密码过期到禁用账户的天数（本例未设置，所以为空）。
- 字段 8：账户失效时间，从当前到账户被禁用的天数，默认值为空。
- 字段 9：保留字段（未使用，所以为空）。

/etc/group 文件。/etc/group 文件是账户组的配置文件，且能显示账户归属哪个账户组（一个账户可以归属一个或多个不同的账户组），其文件内容如下。

```
root:x:0:
daemon:x:1:
```

/etc/group 文件各个字段的含义如下。

- 字段 1：账户组的名称。

- 字段 2：密码占位符 x，通常不需要设置该密码，因为该密码被记录在 /etc/gshadow 中，所以显示为 x，这与 /etc/shadow 类似。
- 字段 3：账户组的 GID。
- 字段 4：加入这个组的所有账户列表（本例的账户组中没有加入的账户，所以为空）。

10.5　Vim 编辑器的基本应用

Vim 编辑器相当于 Windows 操作系统中的记事本，它是 Vi 编辑器的升级版本，除了兼容 Vi 编辑器的所有指令，还添加了许多重要的特性，例如支持正则搜索、语法高亮显示和对 C 语言自动缩进等功能，熟练掌握 Vim 编辑器的使用，对在命令行模式下使用 UOS 操作系统很有帮助。

10.5.1　Vim 编辑器的工作模式及基本操作

Vim 编辑器的工作模式有很多种，常用的工作模式包括命令模式、输入模式、末行模式。其中，在命令模式中可以实现基本的光标操作、运用大量的快捷键，以及进行定位、翻页、复制、粘贴、删除等操作，但无法在文档中输入内容；在输入模式中可以在文档中输入并编辑内容；在末行模式中可以通过输入特定的指令实现特定的功能，如保存并退出。

使用 Vim 编辑器的语法格式为"vim　［目标文件名］"，若目标文件不存在，Vim 编辑器会新建空文件并可以进行编辑；若目标文件已存在，则可打开此文件并进行编辑。

假设现在需要将"Hello World！"输入 Test.txt 文件，其操作步骤为：在启动器中打开"终端"模拟器，通过命令行输入"vim Test.txt"并按【Enter】键，shell 会自动调用 Vim 编辑器并打开 Test.txt 文件。需要注意的是，Vim 编辑器会默认进入命令模式，用户需要输入快捷键【i】进入输入模式，才能在 Test.txt 文件中输入内容，如图 10.8 所示。

图 10.8　Vim 编辑器的基本界面

如果输入完成后，想保存文件并退出 Vim 编辑器，需要先按【Esc】键返回命令模式，然后在命令模式下输入"："进入末行模式，再在末行模式下输入"wq"，保存 Test.txt 文件并退出 Vim 编辑器。Vim 编辑器的工作模式切换快捷键如表 10.3 所示。

表 10.3　Vim 编辑器的工作模式切换快捷键

快捷键	功能描述
a	进入输入模式，在当前字符后插入内容
A	进入输入模式，在光标所在行的行尾插入
i	进入输入模式，在当前字符前插入
I	进入输入模式，在光标所在行的行首插入
o	进入输入模式，在当前行的下一行插入新的一行
O	进入输入模式，在当前行的上一行插入新的一行
Esc	退出输入模式，切换到命令模式

在 Vim 编辑器中移动光标的最简单的方法就是使用方向键（上、下、左、右 4 个按键），但是由于这 4 个按键离主键盘区较远，使用起来会影响输入速度，所以可使用快捷键，常用的快捷键可以参见表 10.4。需要注意的是，表 10.4 中的所有快捷键均可在命令模式下直接使用，若在其他模式下需要先切换到命令模式后使用。

表 10.4　光标操作的快捷键

快捷键	功能描述
h	向左移动光标
j	向下移动光标
k	向上移动光标
l	向右移动光标
w	后移一个单词
b	前移一个单词
^	行首
$	行尾
gg	光标移动到文件首行
G	光标移动到文件末
ngg	移动光标到第 n 行
Ctrl + b	向上翻页
Ctrl + f	向下翻页
{	段落移动，移动到上一段
}	段落移动，移动到下一段

需要注意的是，Vim 编辑器中是以空行来区分段落的，因此段落移动命令实际上是在找文本中的上一个空行或下一个空行。

在 Vim 编辑器中，可在命令模式下使用相应的快捷键实现对应的功能，常用快捷键的功能描述参见表 10.5。

表 10.5　命令模式下的操作快捷键

快捷键	功能描述
yy	复制当前行整行内容
nyy	复制从光标所在行开始的 n 行
x	删除光标前的字符
dd	剪切光标所在行
ndd	剪切从光标所在行开始的 n 行
p	粘贴至当前行后
P	粘贴至当前行前
G	跳转至尾行
g	跳转至首行
dw	删除至词尾
ndw	删除光标后的 n 个词
d$	删除至行尾
nd$	删除光标后的 n 行
u	撤销上一次修改
Ctrl+r	反撤销操作

用户在 Vim 编辑器中编辑完文档后，如果需要保存当前文档，或退出 Vim 编辑器，需要通过在命令模式下输入特定命令实现保存与退出的功能，其命令参见表 10.6。

表 10.6　保存与退出命令

命令	功能描述
:q	不保存退出
:q!	强制不保存退出
:w	保存，不退出
:x	保存并退出
:wq	保存并退出，同 ":x"
:wq!	强制保存并退出
:w c.txt	另存为 c.txt 文件

如表 10.6 所示，相关命令中的冒号不能省略，且 "!" 表示强制命令。此外，在命令模式下，快捷键【Z+Z】也可以实现保存并退出。

10.5.2 Vim 编辑器中的查找与替换

在 Vim 编辑器的命令模式下，通过命令 "/ 查找的关键词"，可以实现自上而下的查找，如 "/uos" 表示从当前文档的光标处向下查找 "uos" 并将其突出显示。如果文档中有多个 "uos"，可以使用快捷键【n】跳转至下一关键词处，使用快捷键【N】跳转至上一关键词处。此外，使用命令 "? 查找的关键词"，可以实现自下而上的逆向查找，例如 "?uos" 表示从当前文档的光标处向上查找 "uos"。如果文档中有多个 "uos"，使用快捷键【n】可以跳转至上一关键词处，使用快捷键【N】可以跳转至下一关键词处。

Vim 编辑器除了具有查找功能，还有非常好用的替换功能，可以快速完成大量替换。Vim 编辑器可以对文件实现多种替换功能，其替换命令参见表 10.7（替换命令需在命令模式下使用）。

表 10.7 替换命令

命令	功能描述
:r /etc/passwd	将 /etc/passwd 文件内容读取到 testfile.txt 中
:r! ls -l /	将命令结果保存到文件中
:s /root/uos/	将光标所在行中的第 1 个 root 替换成 uos，没有则不替换
:s /root/uos/g	将光标所在行中的所有 root 替换为 uos
:2,6 s/sbin/bin/g	将第 2 行到第 6 行中的所有 sbin 替换成 bin
:% s/nologin/error/g	将所有行中的 nologin 都替换成 error

Vim 编辑器的操作和使用相对比较复杂，但其优势在于具有可扩展性和高度的可配置性。Vim 编辑器有自己的脚本语言，称为 Vim 脚本（也称为 Vimscript 或 VimL），用户可以通过多种方式使用 Vim 脚本来增强 Vim 编辑器的功能。例如，使用 Vim 脚本来自动为 C/C++ 或其他编程语言实现语法高亮显示、自动化语法检查等功能。Vim 编辑器还可以通过核心全局设置文件（.vimrc）向其他 Vim 编辑器共享其设置文件，从而简化 Vim 编辑器的设置工作。

本 章 小 结

熟练掌握 UOS 操作系统的命令行模式和 shell 的使用，对更好地应用和维护 UOS 操作系统非常重要。本章简要介绍了 UOS 操作系统命令行模式的使用和 shell 命令的一些基础知识，以及 Vim 编辑器的基本应用。读者需要在实践中不断练习，加深对这部分内容的理解和掌握。在日常使用中，读者可以通过联机帮助文档来获取更多知识，这样才能更好地掌握 UOS 操作系统的应用。

思考与练习

- 练习切换并使用 UOS 操作系统的命令行界面
- 练习使用常用的文件管理命令
- 查看账户的相关配置文件，并解释其基本含义
- 练习使用 Vim 编辑器